湛庐 CHEERS

与最聪明的人共同进化

HERE COMES EVERYBODY

The Philosophi-
cal Baby

What Children's
Minds Tell Us About
Truth, Love, and the
Meaning of Life

孩子如何思考

[美] 艾莉森·高普尼克　著
Alison Gopnik

杨彦捷　译

浙江科学技术出版社

 你了解小宝宝是如何感受和思考的吗?

扫码激活这本书
获取你的专属福利

扫码获取全部测试题及答案，
看一看你是否了解孩子的
思考方式

- 两岁的孩子是不可能进行因果思考的，这是对的吗？

  A. 对

  B. 错

- 如果说成人感知世界的方式是聚光灯，那么孩子感知世界的方式更像是照亮四周的灯笼。这句话的意思是：

  A. 孩子的感受力没有成人强

  B. 孩子没有作为"我"的意识

  C. 孩子的注意力不像成人一样集中

  D. 孩子的知识没有成人一样丰富

- 小婴儿看待这个世界的方式更像是以下哪个角色？

  A. 对知识充满渴望的学生

  B. 看得开不走心的乐观派

  C. 对细微之处充满感受力的诗人

  D. 拥抱各种可能性的旅行者

扫描左侧二维码查看本书更多测试题

最懂孩子学习的顶级心理学家

国际公认的儿童学习与发展研究领袖

一 艾莉森·高普尼克

Alison Gopnik

ALISON GOPNIK

勇于挑战"皮亚杰"的儿童心理学家

要问过去 20 多年来心理学和哲学领域最重要的突破性研究是什么,那就是科学家们发现了孩子不同于成人的独特学习能力。

过去，人们常把孩子看作不完整的人，但最近10多年，科学家和哲学家研究发现，孩子并不像著名心理学家皮亚杰理解的那样——缺乏共情能力和道德意识，只拥有有限的感觉和知觉。相反，孩子不仅比成年人更善于学习，他们还充满了创造力，并且在很小的时候就拥有了一些道德意识。

成就这一研究成果的重要人物，就是心理学家艾莉森·高普尼克。高普尼克早年学习哲学，后进入牛津大学，获得实验心理学博士学位。她结合神经科学、哲学和心理学知识，系统研究了婴幼儿的认知过程。

高普尼克认为，漫长的童年就是人类专属的学习期，它使孩子成为全宇宙最高级的学习者。通过比较孩子和成人的意识，高普尼克得出结论：对所有人类而言，孩子是真理、爱和人生意义的最大来源。

"心理理论"创始人之一，联姻哲学与心理学

高普尼克是国际公认的儿童学习与发展研究领袖，也是第一个从儿童意识的角度深刻剖析哲学问题的心理学家。

"心理理论"假设人类先天能够以推理方式理解自己以及周围人的心理状态，并根据推理做出合乎社会期待的反应与行动。这个理论源于哲学，进入心理学领域后，慢慢成为认知心理学与神经科学的研究重点之一。

高普尼克撰写并发表了大量学术和科普文章，并成为加利福尼亚大学（简称"加州大学"）第一位拿到摩尔杰出访问学者奖学金的心理学家，她同时获得了斯坦福大学行为科学高级研究中心奖学金、牛津大学万灵学院杰出访问奖学金、剑桥大学国王学院杰出访问奖学金的资助。

儿童心理理论受到高度关注，高普尼克曾就此在美国科学促进会、美国哲学学会及诸多儿童福利机构发表演讲，她也是第一位就这一主题在美国心理学会上发表演讲的人。2013年4月，高普尼克进入美国人文与科学院。

用数学模型走进孩子心智迷宫的科学家

曾获 2011 年图灵奖的人工智能专家朱迪亚·珀尔（Judeal Pearl）说："艾莉森·高普尼克是第一批用数学模型来解释儿童如何学习的心理学家之一。"高普尼克在加州大学伯克利分校儿童研究中心的工作就是研究这种数学模型。

作为 3 个孩子的妈妈，以及 3 个孩子的祖母，高普尼克一直仔细观察自己家孩子们的成长，并从中印证她的研究成果。在孩子天生会学习系列的 3 本书中，高普尼克用贝叶斯算法解释了孩子对因果推理的娴熟运用，其中《孩子如何思考》入选美国育儿网站 Babble "50 本最佳育儿图书"，《园丁与木匠》荣获美国认知学会年度最佳图书奖。

高普尼克在 TED（技术、娱乐、设计）大会上就"婴儿在想什么"这一主题进行的演讲，点击量已超过 300 万次，她还在《查理·罗斯秀》《科尔伯特报告》等脱口秀节目中亮相。她的文章和评论见于《纽约时报》《卫报》《华盛顿邮报》《纽约客》《科学人》等美国各大媒体。

作者演讲洽谈，请联系
BD@cheerspublishing.com

更多相关资讯，请关注

湛庐文化微信订阅号

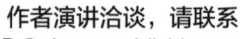

目录

引言　**毛毛虫与蝴蝶** /001

第一部分

孩子如何想象世界与他人

01 **孩子为何要假装：反事实与因果** /019
　　反事实思维让我们改变未来
　　孩子既能计划未来，也能推断过去
　　奇妙的假装游戏
　　反事实思维与因果知识相伴而生
　　孩子就是因果关系大师
　　大脑中的示意图与设计图
　　孩子与计算机，谁更聪明
　　探测机关的实验

02 **虚构的内容怎样阐明真理：想象与现实** /046
　　童年里无处不在的假想同伴

创设心理世界的示意图
从假想同伴到平行世界
自闭症孩子无法想象他人
孩子假想的同伴与成人虚构的角色
想象与现实因何不同
灵魂的工程师
玩耍的功效

03 探寻真理的三大工具：统计、实验与模仿 / 071
孩子惊人的学习能力
8 个月大的统计学家
3 个月大的实验专家
孩子天生会模仿
孩子如何理解心理活动

第二部分
孩子如何感知外在与自我

04 做小婴儿是什么感觉：意识与注意 / 105
由外界产生的注意
由内部产生的注意
孩子的注意不同于成人
小婴儿的意识是什么样的
旅行与冥想
灯笼般照亮四周的意识

05 我是谁：记忆与自我 / 132
会"骗人"的记忆

孩子的记忆不是一片空白
易受暗示的孩子
此时的我与过去和未来的我
生活在当下的孩子
如何进入婴儿般的"无我"状态
意识为何发生变化
进一步探究意识体验

第三部分
童年奠定人类爱与道德的基础

06 童年经验如何塑造此后的人生：先天与后天 / 165
　　罗马尼亚的孤儿
　　先天遗传与后天教养间的矛盾
　　孩子如何"培养"自己的父母

07 学习爱：依恋关系与身份认同 / 180
　　关于爱的理论
　　超越母爱的爱
　　生命像天气一样无法准确预知
　　拥有过去很重要

08 道德的起源：共情与规则 / 205
　　模仿与共情
　　超越共情的道德
　　道德观缺失的精神变态者
　　失控电车困境
　　扩大道德关怀的范围

孩子与规则
谁来制定规则
哈克贝利·费恩的智慧

尾声　孩子与人生意义　/ 237

致谢　/ 251

注释及参考文献　/ 254

译者后记　/ 255

引言

毛毛虫与蝴蝶

　　一个刚满月的小宝宝紧皱着眉头，专心地凝视着妈妈，看着看着，突然绽放出快乐的笑容。她不仅看到了妈妈，而且感受到了妈妈的爱意，但是，对这个小宝宝来说，她真切地看到和感受到的究竟是什么呢？做一个小宝宝是什么感觉呢？

　　一个2岁的孩子把吃了一半的棒棒糖送给了一个看上去很饿的陌生人。那么小的孩子就已经知道同情他人，并愿意大方地分享吗？

　　一个3岁的孩子宣称，除非她的"宝宝们"，就是那两个住在她的口袋里，以花瓣为早餐，长着紫色头发的双胞胎娃娃也能在餐桌上有一席之地，否则，她就不吃饭了。这个孩子怎么会如此坚定地相信由自己的想象所虚构出来的人物呢？而且，她怎么能幻想出那么特别的人物呢？

一个 5 岁的孩子通过观察一条金鱼发现,死去的生物不会复活。这样一个既不会阅读,也不会做加减法的孩子是如何弄明白"死亡"这种艰深的概念的呢?

那个刚满月的小宝宝也会成长为 2 岁、3 岁、5 岁的孩子,最终,她也会拥有自己的孩子,成为一名母亲。在这些不同的年龄段,看上去完全不同的小生命怎么可能会是同一个人呢?我们每一个人曾经都是孩子,而大部分人也终将为人父母,我们也都问过这类问题。

童年是人生的一个重要组成部分,但它同样也是人类特质中尚未被探究清楚的一个领域。童年是一个具有普遍性的概念,但当我们真正谈及童年时,所用的几乎都是个别化的、第一人称的说法:"我"现在应该对"我"的孩子做些什么?"我"的父母当时做了些什么,才让"我"长成现在这样?大多数与孩子有关的书籍都是这样表述的,包括自传和小说,以及随处可见的教养类书籍。但童年并不仅仅是文学作品中经过专门描绘的那种复杂时期,也不仅仅是美国的早教计划中尚待解决的一个特殊问题,它甚至不仅仅是人类所独有的。我认为,**正是童年,让我们所有人能够成为我们自己。**

一旦开始更深入地思考童年,我们就会发现,这个普遍、明显、简单的事实充满了复杂性和矛盾性。孩子们极其相似,也十分不同。有时,我们会觉得孩子就像成人一样,但有时,他们却像来自另一个完全不同的世界。孩子的思维似乎非常局限,他们知道的东西也比我们少得多。但早在学会读写之前,孩子就有非常出色的想象力和创造力,而且早在开始上学之前,他们就已经具备了很强的学习能力。有时,孩子关于周围世界的经验狭隘而固化，但有时，他们的经验似乎比成人的更宽泛。在成长为我们自己的过程中，童年的经验似乎十分重要。而我们也都知道，孩子长大成人的路途迂回而复杂，世上有很多糟糕的父母养育出了优秀甚至伟大的子女，也有很多慈爱的父母养育出了焦虑而神经质的孩子。

年纪越小的孩子越令人不可思议。我们或多或少都能记得自己五六岁时的情景，也能够在理性而公平的基础上与学龄儿童交谈，但更小的婴儿和我们就绝对不是同一层次的人了。小婴儿还不会走路，更不会说话，就算是蹒跚学步的幼儿也一样，但他们都懂得科学概念，或者更准确地说，他们都具有科学常识，**这表明，孩子在童年所学之多，是今后一生都无法企及的**。也许，我们很难从一个孩子身上看到他将来会成为什么样的人，同样，我们更难将目前正在写作的"我"和50年前那个只有3千克重的小婴儿联系在一起，她们眉眼之间毫无相像之处，甚至难以将其和稍后那个只有13.5千克重、喜欢胡言乱语、情感强烈、自由地玩着假装游戏还爱到处乱跑的孩子联系在一起，我们甚至没有为童年的这个年龄阶段设定一个很好的名称。

本书重点关注5岁以下的孩子，我有时会用"婴儿"这个词来统称所有3岁以下的孩子。我觉得，"婴儿"等于结合了胖嘟嘟的脸颊和有趣的发音为一体的可爱生物，但同时，我也十分清楚，许多3岁的孩子可能会强烈地反对我的这种描述。

新的科学研究和哲学理论都表明并且加深了童年的神秘性。过去30年来，我们对婴儿的科学认识有了革命性的新发展。我们曾经认为婴儿是不理性的，是以自我为中心的，是无道德感的，他们的思维和经验都是固化的、直接的、局限的。但事实上，心理学家和神经科学家已经发现，婴儿不仅比我们所认为的要学得更多，而且他们幻想得更多、关心得更多、经历得更多。在某种意义上，年幼的孩子实际上比成人更加聪明，更富有想象力，更会关心他人，甚至更为敏感。

这一科学的革新让哲学家们首次将婴儿纳入认真研究的范围内。童年很重要，也很令人困惑，这种二元组合应该是哲学中的一个经典领域。但追溯2 500年的哲学史，几乎找不到任何关于儿童的论述。假如一个火星人希望通过研究地球上的哲学来了解人类，那么，他可能会很轻易地得出"人类依靠无性繁殖"的结论，因为我们关于童年哲学的讨论实在是太少了。

但近年来，这种状况有所改变。哲学家们开始关注婴儿，甚至开始向他们学习。如今的《哲学百科全书》（*Encyclopedia of Philosophy*）[1]里收入了一些与婴儿有关的文章，通常以"婴儿的认知"或"儿童的心智理论"之类的标题出现。我也曾在美国哲学学会（American Philosophical Association）和儿童发展研究协会（Society for Research in Child Development）发言，在那里，哲学家们对"婴儿何时开始理解他人的想法""婴儿如何认识世界""婴儿是否有共情能力"等问题进行了讨论。还有一些哲学家甚至摇摇晃晃地坐在幼儿园的小椅子上，对孩子们做实验。研究婴儿有助于我们以一种新的方式来回答关于想象、真理、知觉、身份、爱、道德等基本问题。在本书中，我将以婴儿为基础，讨论对这些基本哲学命题的新看法，并将以这些哲学命题为基础，讨论关于婴儿的新观点。

---

[1] 本书注释均通过数字上标方式标注。扫描第254页二维码即可下载全部注释及参考文献内容。——编者注

孩子和童年如何改变世界

本书所有具体研究和讨论的背后都蕴含着一个基本观点,即与其他生物相比,人类更有能力做出改变。我们改变着周围的世界、他人以及我们自己。理解孩子以及童年有助于解释这些改变是如何发生的,而"我们会改变"这个事实则解释了为什么孩子会是这样,甚至解释了为什么会有童年的存在。

究其根本,关于童年的新的科学解释是以进化论为基础的。但通过对孩子的研究让我们看到的进化对人生的塑造方式,却完全不同于"进化心理学"[2]的传统解释。一些心理学家和哲学家认为,人类特质中最重要的部分是由基因决定的,基因是让我们成为自己的一种内部"硬件"系统。我们被赋予了一系列固定的、独特的能力,这些能力最初是为了满足20万年前生活在更新世①的史前祖先们的需要而出现的。毫无疑问,这种观点忽视了童年的重要意义。依据这种观点,"足够好"的童年环境也许是必要的,它让潜藏的人类特质得以实现。但除此之外,童年期的影响并不会太大,因为与总体的人类特质和具体的个人性格相关的大部分要素早在我们出生时就已经确定了。

然而,这种观点并不能阐释我们正实际经历着的、不断变化和发展的人生。至少,我们能感觉到自己似乎真的能够创造自己的人生、改变周围的世界并且改变自己。这种观点同样也无法解释人类生命中根本的、历史性的改变。如果我们的特性已经由基因决定了,那么,你也可以认为,如今的我们仍然会和生活在史前更新世的人们一模一样。

---

① 地质年代名称,距今2 600万—1万年。

做出改变的能力是人类的神秘特质，无论是在我们自己的生命中还是在整个历史中，这种能力也是我们最特别而永恒不变的本质。

有没有一种办法，可以不诉诸神秘主义，来解释这种充满灵活性和创造性、能改变我们个人和集体命运的能力呢？

出乎意料的是，这个问题的答案就在年幼的孩子身上，这就将我们带入了另一种完全不同的进化心理学。人类在进化中的优势就在于，我们能够摆脱进化本身的束缚。我们能够了解周围的环境、想象不同的环境并将设想的环境变为现实。同时，作为一种极具社会性的种群，他人也是我们周围环境中的一个重要部分。所以，我们更有可能去了解他人，并利用这些信息来改变他人的行为方式以及我们自己的行为方式。这样，人类就能够进入不断改变的循环之中，这是人类进化遗产中最核心的部分，也是人类特质中最深刻的部分。我们改变着周围的环境，而环境也改变着我们。我们改变着其他人的行为，同样，其他人的行为也改变着我们的行为。

与其他物种相比，人类从最开始就能够更有效、更灵活地认识周围的环境。这让我们可以想象新的甚至全新的环境，并通过行动来改变目前的环境。之后，我们能够了解自己所创造的新环境中的意外因素，然后再次改变环境，如此循环往复。神经科学家们所提出的"可塑性"，即在经验的基础上做出改变的能力，就是从大脑到思维再到社会各个层面理解人类特质的关键所在。

学习是改变的过程中最主要的一部分，然而，人类做出改变的能力不仅仅与学习有关。学习是指周围世界对我们思维方式的改变，但我们的思维方式同样也可以改变周围世界：提出一种解释世界的新理论，让我们有机会设想这个世界还可能是别的什么样子；理解他人和自己，让我们有机会设想别的做人方式。同时，这也让我们有机会改变周围世界，改变自己，改变我们身处的社会，并思考我们应然和实然的状态。本书将讲述孩子的思维是如何发展，以至改变世界的。

目前，心理学家、哲学家、神经科学家和计算机科学家们正着手于谨慎而准确地判断，有哪些潜在的根本机制让我们获得了这样一种人类特有的、能够做出改变的能力；在人类的天性中，有哪些方面让我们的教养和文化得以产生。对其中的某些机制，我们甚至开始形成各种严密的数学解释。这种新的研究和思考趋势大多在过去几年中完成，这让我们开始重新理解自己颅骨下那个"生物计算机"究竟是如何"制造"出人类的自由与灵活性的。

在写这本书时，如果我抬头看看面前的各种日常物品：电灯、直角构造的桌子、锃亮而对称的釉色陶瓷杯子、闪着光的电脑屏幕，几乎没有一件物品与我们可能在更新世看到的东西有相似之处。曾经，所有这些物品都只存在于想象中，但它们却是人类已经创造出来的东西。而我，一名女性认知心理学家，正在撰写有关儿童哲学的书，在更新世也同样不可能存在。我同样是人类想象的产物，当然，你也是。

我们受保护的、漫长的未成熟期在人类改造世界和自己的能力中发挥了关键的作用。孩子并不仅仅是不完美的成人，也不仅仅是复杂的、尚未成熟的、日臻完美的人，相反，孩子与成人是两种不同形态的人类。他们的思维、大脑和知觉形式虽然都很复杂有力，却完全不同，服务于不同的进化机能。人类的发展更像是一种蜕变，就像毛毛虫破茧成蝶一样，而不仅仅是简单地成长。虽然在成长的道路上，似乎是像蝴蝶一样充满活力、四处漫游的孩子慢慢变得像毛毛虫一样行动缓慢。

什么才是童年？它是一个独特的发展阶段，在这个阶段，年幼的孩子特别依赖年长的成人。如果没有照顾者，童年不可能存在。但我们究竟为什么一定要经历童年这个阶段呢？与其他动物相比，人类不成熟的、无法独立的阶段更长，即人类的童年更长，而且，随着人类的历史不断演进，这个不成熟的时期变得更加漫长了。像我一样，子女已经20多岁的父母们也许会认可这一点，并为之嗟叹。为什么在如此长的时间里，孩子们都那么无助？而成人又为什么要投入如此之多的时间和精力来照顾他们？

童年为什么那么长

这长久的未成熟期与人类做出改变的能力有着密不可分的联系。想象和学习的能力给我们带来了很多益处，它让我们比其他动物更能适应不同的环境，并能以一种其他动物无法做到的方式来改变我们自己的环境。但另一方面，这种想象和学习的能力也有很大的弊端，即学习是需要时间的。

例如，当你两天没吃饭时，你可不会去想探究捕猎鹿的各种新办法。同样，当你正被一只剑齿虎追赶的时候，你也不会去想文化学习中所积累的关于剑齿虎的知识。而对我来说，像我儿子那样花费一周的时间来探究新电脑的各种功能也许是个好主意，但是，面对研究基金截止日期这个追着我不放的"剑齿虎"，以及压得我喘不过气来的授课任务时，我还是情愿沿用旧法。

一种动物如果要依赖过去几代前辈所积累的知识而生存，那么就需要一段时间来获取这些知识；一种动物如果依赖于想象而发展，那么也需要时间来将想象变为现实。童年正是我们所需要的这段时间。孩子不需要面对成人生活中的种种紧急状况，例如，他们不需要猎鹿，也无须从剑齿虎口下逃生，更不用写研究基金申请或授课。所有的这一切，成人都已经为他们做好了，孩子需要做的就是学习。当我们还是孩子时，我们全心全意地学习认识周围的世界，并想象世界还有可能是什么样子的；而当我们长大成人后，我们会将自己所学所想的付诸实践。

孩子负责研发，成人负责生产与销售

在孩子与成人之间，有一种进化意义上的劳动分工。孩子就像是人类的研发部门，一群空想的人通过头脑风暴产生各种奇想；而成人则像是生产与销售部门。孩子来发现，我们来实施。孩子想出上百万个新创意，大部分没什么用，而我们则负责找出其中三四个好的点子来付诸行动。

如果我们强调的是成人的能力，例如长期规划，快速且自动地执行计划，对鹿、剑齿虎或是基金申报的截止日期做出迅速而有技巧的反应，那么，婴儿和很小的孩子看起来确实很可怜、很无用。但是，如果我们关注的是做出改变的特殊能力，尤其是强调想象和学习的能力，那么，显得很迟钝的就会是成人了。可以说，"毛毛虫"和"蝴蝶"擅长的事情全然不同。

婴儿的大脑就像巴黎的老地图

成人与孩子的这种基本分工方式反映在他们的思维方式、大脑结构和日常生活中，甚至反映在他们的意识经验中。婴儿的大脑似乎有一种特质，让他们尤其擅长想象和学习。[3]事实上,婴儿的大脑比成人大脑的神经连接程度更高,比成人有更多的神经通路。当孩子逐渐长大,获得更多经验时,他们的大脑就会"剪除"那些薄弱的、不常用的神经通路,而强化那些经常使用的神经通路。如果你观察一幅婴儿大脑的神经连接图,会发现它很像旧时巴黎的地图,上面有很多蜿蜒连通的细窄"街道";而在成人的大脑中,这些细窄的"街道"已经被更少但更有效率的脑神经"大路"取代了,这些"大路"能容许更多的信息流通。此外,婴儿的大脑更具可塑性和灵活性,更容易改变。但是,婴儿的大脑效率较低,很难迅速或有效地运转和工作。

在由童年到成年的蜕变过程中,甚至连更细致的大脑变化也发挥了尤为重要的作用。这些变化涉及大脑的前额叶皮层[4],那是只在人类身上发展完备的大脑区域,神经科学家通常认为前额叶皮层是人类各种特殊能力的根基所在。科学家们认为,前额叶区域与思考、计划和控制等复杂的能力有关。例如,由于当时悲剧性的错误观念和自大,20世纪50年代的医生给精神病患者实行了前额叶切除手术,将他们大脑中的前额叶皮层移除了。之后,这些病人表面上似乎仍能正常生活,但他们在很大程度上已经丧失了做决定、控制冲动以及明智地行动的能力。

高智商与晚熟的前额叶皮层

前额叶皮层是大脑中最晚熟的区域之一。前额叶皮层中神经回路的连接过程以及修剪和强化连接的过程大约要到 25 岁才能完成。子女已经 20 多岁的父母们可以再次嗟叹了。最近,神经科学家们发现,人类的整个大脑比我们所想的要更具可塑性,更容易改变,甚至在成年后也是一样。当然,大脑中还是有一些部位似乎在生命的最初几个月就已经发育成熟、达到成人水平了,例如我们的视觉系统。但其他一些部位,例如前额叶皮层,以及前额叶区域与大脑其他区域的联结,就成熟得更晚,这些部位在青春期以及青春期之后仍在不断发育。视觉皮层在我们6个月或60岁时并没有什么分别,但前额叶皮层却只有在成年之后才会形成最终的形式。

你可能会觉得,这意味着孩子就是不成熟、不完善的成人,因为他们的大脑中欠缺能像成年人那样理性思考的部分。但你同样会发现,当论及想象和学习时,孩子那尚未成熟的前额叶皮层让他们可以超越成人。大脑的前额叶皮层与"抑制功能"[5]紧密相关,事实上,这种抑制有助于停止大脑其他部位的活动,限制并集中经验进行行动和思考,这个过程对成人所参与的复杂的思考、计划和行动至关重要。例如,为了执行一项复杂的计划,你必须精确地采取计划中所指示的行动,而不能采取其他行动。而且,你也必须只关注与计划有关的事情,而忽略其他。任何人只要试试让一个3岁的孩子穿上衣服去幼儿园,就会对成人大脑的抑制功能无限感激。因为如果这个孩子能在这个过程中不停下来探究地上的每一粒尘土,不逐个拉开柜子的抽屉,不脱下刚穿好的袜子,那一切就会容易得多。

然而,我们也会发现,如果对想象和学习更感兴趣,那么上面所说的抑制功能就会显现出消极的一面。要有想象力,你就得思考各种可能性,越多越好,甚至疯狂的、前所未有的新想法都可以,例如,梳妆台上没这些抽屉也许会更好用。而在学习中,你需要对任何可能成为真理的事实保持开放的思想,也许那一粒尘土中就有整个宇宙的奥秘。事实上,在童年时没有强大的前额叶皮层的控制是很有好处的。

同时,前额叶皮层也是在童年期最为活跃的大脑区域,它不断地发生变化，其最终形态在很大程度上取决于童年的经验。童年时的想象和学习为成人提供了明智地做计划和控制行为所需要的信息。有证据表明，较高的智商与晚熟和更具可塑性的大脑额叶相关。⁶在一定程度上，保持思想开放的时间越长，人就越聪明。

成人与孩子在大脑和思维方面的差异决定了他们生活方式的不同，成人工作，孩子玩耍。玩耍是童年的标志，它生动而明显地体现出想象和学习的运作。此外，虽然看似有些矛盾，但未成熟时的无用、无助状态，其实是大有裨益的，玩耍就是最明显的标志。显然，小婴儿垒起积木、按压小盒子上的按钮，蹒跚学步的幼儿假装扮演从小美人鱼到忍者各种不同角色的游戏并没有明显的观点、目标或作用，也根本无助于交配或捕食、逃跑或战斗等基本的进化目标。但是，这些看似无用的活动却具有独特、典型的人性，并且有深刻的价值，相对于成人，我们正将"玩耍"挤压到日常的工作中。可以说，戏剧、小说、绘画、歌曲都是玩耍的方式。

孩子与成人是根本不同的两种生物

孩子与成人的种种差异表明，他们的大脑和思维方式与我们有根本的不同，所以，他们的经验也会不同，这些差异并非不能知晓。事实上，我们可以借助儿童思维和大脑的相关知识来探究他们的意识。我们能够使用心理学、神经科学、哲学等工具来理解孩子的内心生活。相应地，理解孩子的意识也能让我们以一种新的观点来看待成人的日常意识，思考生而为人究竟意味着什么。

这些差异同样也带来了关于"身份"的有趣问题。孩子与成人是根本不同的两种生物，他们的思维、大脑和经验都不相同。但是，从另一个角度看，成人却正是童年的最终产品。我们的大脑正是由经验塑造而成的大脑，我们的生活正是从婴儿期就开始持续的生活，我们的意识正是可以回溯到童年的意识。古希腊哲学家赫拉克利特（Heraclitus）说过，人不可能两次踏入同一条河流，因为河流与人皆已不同。思考孩子和童年，让我们生动地认识到，我们的生命、人类种群的历史都是不断变化、永远流动的河流。

变化、想象和学习的过程最终都取决于爱。人类家长以一种尤为强烈和意义重大的方式爱着他们的孩子，这种爱是人类做出改变的发动机。父母的爱并不仅仅是简单、原始的本能，也不仅仅是其他动物抚养行为的延续。当然，其中确有延续的成分。相反，我们长久的家长生涯在最复杂而典型的人类能力形成过程中发挥了重要的作用。只有当我们能够依赖照顾者所给予的爱时，人类才有可能拥有漫长的未成熟期。我们能够在过去几代人积累的经验中学习，同样是因为爱着我们的父辈肯花时间来传授经验。没有得到爱护和抚养的人不仅会缺乏教育、温暖和安全感，同样也会缺乏文化、历史、道德、科学和文学等相关知识。

本书的思路

本书的第一部分将探讨我们对想象和学习的新理解背后所隐含的哲学思考和哲学研究。就算是最小的婴儿，他们对世界的运转也有很多认识。而蹒跚学步的幼儿则把他们醒着的大部分时间都用来创造疯狂的假想世界，他们忽而有礼貌地喝一杯想象中的茶，忽而勇猛地与想象中的老虎搏斗。这是为什么呢？在第 1 章中，我将解释知识与想象如何"缠绕"在一起。孩子运用他们的知识来建构另一个世界，即世界可能是其他什么样子的。

同样，孩子对人们如何生活和工作也有很多认识，这让他们可以想象人，包括他们自己思考或活动的新方式。在第 2 章中，我将解释这些能力如何让孩子创造出想象中的朋友，并让成人创造出戏剧和小说。想象人们可能如何不同，这确实让孩子和成人变得不同。我们能够让自己成为想象中那个不一样的自我。

在第 3 章中，我将说明知识和想象从何而来。关于学习与想象如何成为可能，科学哲学家们和计算机科学家们已经形成了新的观点。实际上，这些观点已经被用于设计出能够学习和想象的计算机。同样，这些观点也可以解释孩子是怎样学习和想象的。我也会阐明，婴儿就像科学家一样，也会运用统计和实验的方法来认识世界。但同时，他们也有着极其有效且独特的人类学习方式：得到家长或照顾者的教育。这类学习让我们能够不断改变对世界的看法，以及对周围世界所提供的各种可能性的看法。

在第二部分，我将谈及意识。成年后看世界的方式是否就是我们过去及未来看世界的方式？意识自身是否会发生变化？做一名婴儿会有什么感受？成人的意识中有两个非常不同的方面。其一是我们的外显意识，即对于外部世界的生动认识，例如，蔚蓝的天空，鸟儿的歌唱。在第 4 章中，我会阐述关于婴儿心智和大脑的新研究，特别是有关婴儿的注意的研究。婴儿关注这个世界的方式与我们全然不同，而这种关注与他们非凡的学习能力有关。我将说明，事实上，婴儿的意识比成人更加敏感，对周围发生的事情，他们的感觉更为强烈。

其二，我们也有内心意识。这是思想、感受和计划的溪流，蜿蜒流过内心的"我"，而这个内心的"我"同样可以理解为内心的"眼"，即内在的观察者、自传作者、执行者，我们称其为"自己"。在第5章中，我会说明，婴儿的内心意识不同于成人。婴儿所体验到的过去和未来、记忆和欲望都与成人的体验不同。他们似乎并没有一个像我们那样的内在观察者，他们回忆过去和规划未来的方式也十分不同。一个完整、统一的"自己"是我们创造出来的，而不是与生俱来的。

在第三部分，我将思考这些新观点对另一系列问题的解答，即关于身份、爱和道德的问题。这些都是最急迫的问题，因为我们既是孩子的父母，同时也是父母的孩子。在第6章中，我会谈谈童年生活与成年生活的联系。童年如何让我们成为现在的自己？在第7章中，我会重点谈谈这个问题中的具体部分。父母与子女之间的爱从何而来？这种爱如何塑造了我们成年后的爱和生活？

在第8章中，我会解释我们从孩子身上获悉的道德生活。婴幼儿并不像我们曾认为的那样，是无涉道德的生物。就算是最小的婴儿，也有惊人的共情能力和利他精神。而且即使是蹒跚学步的幼儿，也知道我们应该遵守规则，而规则是可以更改的。这两种能力，与爱和法律有关，即关心他人和遵守规则的能力，让我们得以极具人性化地将道德深度与灵活性结合在一起。这解释了我们为何能够改变法律和规则来适应新情况，同时又不至于沦为道德相对主义。

最后，在尾声，我会谈谈孩子的精神意义，即关于孩子和生命的意义。对大多数家长来说，养育孩子是他们生命中意义最深远的经历。而这是否只是进化中的幻觉，是进化让我们不断繁衍的花招呢？我将说明，孩子确实让我们看到了真理、美和意义，这才是事实。

这本书的内容不可能帮助家长哄孩子乖乖睡觉，无助于让孩子进入好的大学，也无法确保孩子获得幸福的成年生活。但我希望它能够帮助家长们，以及尚未做父母的人们，以一种新的方式来欣赏童年的丰富性和重大意义。即使是那些在3岁孩子身上最平凡可见的活动，比如肆意的假装游戏，能让他们探究一切事物的永不满足的好奇心，以及其他人的天生的同情心，都告诉了我们，作为"人"意味着什么。哲学与科学有助于我们理解孩子是如何思考、感知和体验这个世界的，以及我们自己是如何思考、感知和体验这个世界的。

THE PHILOSOPHICAL BABY

第一部分
孩子如何想象世界与他人

THE PHILOSOPHICAL BABY

澄澈的双眸，胖嘟嘟的小手，大大的脑袋，这就是可爱又神秘的宝宝。就算是小婴儿，他们对世界的运转也有很多认识，而蹒跚学步的幼儿则会全心投入地创造一个疯狂的假想世界。这可能解释了我们是如何想象未来和创造发明的。

01
孩子为何要假装：
反事实与因果

人类并没有完全生活在现实的世界里。现实的世界真实地发生在过去、现在，并即将发生在未来，但是，我们并不仅仅生活在这个世界里。相反，我们生活的宇宙中存在着许多可能的世界，未来的世界可能有很多种，过去或现在的世界也可能有很多种。这些可能的世界也就是我们所说的"梦想"、"计划"、"虚构之事"或"假想"。它们都是希望和想象的产物。哲学家们则一本正经地将这些可能的世界称为"反事实"[1]。

反事实是"应该、也许、可能"的世界，一切都可能在未来发生，但又尚未发生，或者，一切都应该在过去发生了，却并没有发生过。人们极其关心这些可能的世界，就像关心真实的现实世界一样。表面上，反事实的思考似乎是一种十分复杂的、哲学化的、令人困惑的能力。我们怎么可能考虑种种并非真实存在的事物呢？而且，我们为什么一定要思考反事实，而不是把自己限制在已有的现实世界里呢？理解现实世界让我们拥有了进化的优势，这似乎是很显然的，但是，思考想象的世界又有什么好处呢？

通过观察年幼的孩子，我们可以开始回答这些问题了。反事实思维是否只会出现在经验丰富的成人身上；或者，年幼的孩子是不是也能够思考各种可能性呢？在弗洛伊德和皮亚杰的理论中反复出现了一种传统的观点，认为婴儿被限制在他们直接的感觉、知觉以及经验里。就算孩子们在假装或幻想时，他们也无法区别想象与现实。按照这种观点，孩子们的幻想只是另一种直接的经验而已。而反事实思维对能力的要求更高，需要人们理解现实与所有的现实变化之间的联系。

然而，认知科学家已经发现，这种传统的观点是错误的。我们发现，就算很小的孩子，也已经能够考虑各种可能性，并区分可能的事和现实，甚至还能借此来改变世界。他们能够想象今后的世界可能是哪些不同的样子，并由此来做计划。他们也能够想象世界在过去可能会有哪些不同的样子，并对过去的各种可能性做出回应。而且，最引人注目的是，孩子能够创造出完整的幻想世界，以及令人惊讶的假想世界。这些疯狂的想象世界是童年期的常见部分，每一个3岁孩子的父母都会说："多棒的想象力啊！"但是，新的科学研究深深地改变了我们对这些想象世界的认识。

过去20多年来，我们不仅发现孩子拥有这些想象的能力，同时也开始理解为什么这些能力可能存在。我们正发展出一种解释想象的科学。孩子的大脑和心智是如何构造的，才让他们能够想象出这一系列缤纷多彩、不断变幻的世界？

答案是令人惊讶的。过去的传统观点认为，知识与想象、科学与幻想，彼此之间是完全不同的，甚至是相互对立的。然而，我即将在本书中提出的观点却显示，正是同一种能力，让孩子可以了解诸多关于世界的知识，同时让孩子能够改变世界并且想象可能根本不存在的新世界。孩子的大脑建构了关于世界的因果解释理论，以及世界如何运转的示意图。而这些理论让孩子可以面对新的可能性，并能想象和假装出一个不同的新世界。

反事实思维让我们改变未来

心理学家们发现，在我们的日常生活中，反事实思维无处不在，并且深刻地影响着我们的判断、决定和情感。你可能会想，真正有意义的应该是实际发生的事情，而不是我们幻想出来的、可能发生在过去或未来的事情。对于与过去有关的反事实思维，即本应该发生但并未发生的事情，也即也许、可能、应该的人生来说，这种说法十分正确，真正发生了的事情才更重要。但是，也许、可能、应该的事情会对我们的经验产生深刻的影响。

曾获得诺贝尔奖的心理学家丹尼尔·卡尼曼（Daniel Kahneman）和同事曾做过一个实验。

实验要求被试想象以下场景：蒂斯先生和克莱恩先生分别乘出租车去机场，他们都要赶6点的航班。但交通堵塞，时间慢慢过去，当他们终于到达机场时，已经6:30了。蒂斯先生的航班早已按时起飞，但克莱恩先生的航班却延误到6:25才起飞，克莱恩先生眼睁睁地看着自己的航班离港。请问，他们两个人，谁更生气？[2]

几乎所有人都会认为，克莱恩先生只差一点点就能赶上飞机了，他肯定会更生气。但是,为什么大家都这样想呢?两位先生都误了飞机呀!似乎,让克莱恩先生恼怒的并不是晚到机场这个事实,而是反事实,即出租车再早一些赶到,或者飞机再晚几分钟起飞,这类原本可能会发生在过去的事实。

其实,我们根本不必想象这种虚构的场景,就能感受到反事实的影响力。想一想奥运会的奖牌榜。获得铜牌的选手与获得银牌的选手相比,谁会更开心呢?[3]你可能会觉得,肯定是获得银牌的选手更开心了,毕竟,他比铜牌选手更棒,应该会更高兴。然而,两类选手相应的反事实却非常不同。铜牌获得者相应的反事实是一枚奖牌都得不到,他只是刚好逃脱了这种命运。而银牌获得者的反事实则是获得金牌,可他偏偏错过了这种命运。事实上,当心理学家们选取了颁奖仪式的录像节选来分析运动员的面部表情时,他们发现,铜牌获得者确实要比银牌获得者看上去更高兴。看来,与已经发生了的事实相比,本来可能发生但并未发生的事情对我们的影响更大。

就像在机场的克莱恩先生,或是奥运会的银牌获得者一样,人们往往在预期的结果并未发生或者刚好错过时更加不开心。正如歌手尼尔·扬(Neil Young)改编诗人约翰·惠蒂埃(John Greenleaf Whittier)的话所说的:"字里行间,最令人伤心的莫过于'本来应该'这样的字句了。"

人类为什么会如此关心反事实呢?据其定义来看,如何定义时间,这些事情才算是并未真正发生过呢?为什么这些假想的世界会和真实世界一样重要?无疑,"是啊,真是糟糕"这样的话应当要比"本来应该"这样的话更令人难过才对。

进化理论所给出的答案是，反事实能让我们改变未来。因为我们能够考虑世界的另一种状态，也就真的能对世界有所行动，让它成为其他可能的样子。无论何时，只要我们有所行动，哪怕是很细微的，也会改变整个历史的轨迹，将世界推入另一条不同的道路。当然，让一种可能性成为现实，意味着我们想过的其他可能性就都无法实现了，其他的可能性也就变成了反事实。但是，能够考虑这种种可能性，对我们的成功进化有着关键性的影响。

反事实思维让我们得以制订新计划，发明新工具，创造新环境。人们总是不断地在想象，假如我们是以另一种方式敲开坚果或编织篮子或制定政策的，结果又会怎么样？而所有这些想法的总和，就是一个新的世界。

过去种种可能的反事实，以及随之产生的典型的人类情感，似乎就是我们为了获得未来的反事实而付出的代价。因为我们对未来负责，所以我们会对过去感到愧疚；因为我们能够抱有希望，所以我们也会感到后悔；因为我们有所规划，所以我们也会失望。我们能够想象各种可能的未来以及也许会不同的事情，相应地，我们也无可避免地会考虑过去的可能性，以及原本可能不同的事情。

孩子既能计划未来，也能推断过去

婴儿是否也能进行反事实的思考？当我们计划未来、思考各种可能的结果并从中选出最想要的一种时，最具有进化意义、最根本的反事实的思考便出现了。但怎样才能断定很小的孩子也做得到这一点呢？

在实验室里,我们提供了一种套环游戏,这是一种常见的婴幼儿玩具。[4] 我将其中一个套环上的小孔封了起来。面对这种看似与往常一样,但其实不能套到杆子上去的套环,孩子会有什么反应呢?一个 15 个月大的婴儿会用"尝试-错误"的方法来解决这个问题。他会先把其他套环套在杆子上,仔细看看被封住了的套环,然后试着把这个套环也套到杆子上去。不成功,继续用力再套,还是不行,再试。接着,他会露出一脸困惑的表情,试试其他的套环,然后再试被封住了的套环。基本上,幼小的婴儿都会一试再试,直到放弃为止。

但当他们长大一点,更了解世界之后,他们的表现就完全不同了。一个 18 个月大的婴儿会把其他的套环都套到杆子上,然后拿着被封住的套环,露出"你想骗谁呢!"的表情,根本不去尝试。或者,他可能会立即拿起被封住的套环,戏剧性地使劲扔到房间的另一个角落,然后再平静地把剩下的套环都套好。或者,同样具有戏剧性的,他可能会把封住口的套环拿到杆子旁边,然后尖叫:"不!哦,不!"这个年纪的婴儿已经不需要实际看到被封住了口的套环套不进杆子这个事实了,他们可以想象会发生什么,并会依据所想来行动。

在另一项实验中,我们试图探索婴儿是否能够发现一种物品的新用途,简言之,看看他们是否可以发明新工具。我们把小宝宝想要的玩具放在他们够不到的地方,再在旁边放一把玩具小耙子。就像面对套环时一样,15 个月大的婴儿偶尔会拿起小耙子,但他们不太明白这个工具应该怎么使用。他们用小耙子把想要的玩具扒拉到一边,再扒拉到另一边,或者甚至令人灰心地推得更远，直到偶然把玩具扒拉到面前，或者干脆放弃。但稍大一些的婴儿就会看看小耙子，然后停下来思考。你几乎可以看到他们的大脑在飞快地转动。之后，这些宝宝会露出得意的笑容，通常看起来还会有些装模作样。你也几乎可以看到他们灵光一现的瞬间。接着，他们会拿起小耙子，伸到恰当的位置，罩住玩具，然后成功地把玩具拖到自己面前。同样，18个月大的婴儿似乎能够在心中预期，想象小耙子可能对玩具发挥哪些作用，然后选择最佳方案。

> 简单的"尝试–错误"法，即试着采取各种不同的行动，直到成功为止，这往往是适应周围世界的一种非常有效的方式。然而，预测未来的可能性让我们能够以更加深谋远虑的方式来进行计划，即用动脑代替动手。

大一些的婴儿似乎会预测，如果套环套不上或者小耙子没用好的话，会有什么结果，并能避免失败的发生。也有研究表明，这并不仅仅是15个月大的婴儿与18个月大的婴儿之间的差异。只要有恰当的信息，即便是更小的婴儿，也能够聪明地解决问题。[5]

明智地解决问题的能力似乎是典型的人类特性。也有少量证据[6]表明，黑猩猩或者像乌鸦之类聪明的鸟儿[7]偶尔也能做到这一点。但是，就算是黑猩猩或者乌鸦，肯定还有其他什么动物，在很大程度上也依赖于本能或者"尝试–错误"法来适应世界。而本能或"尝试–错误"法也往往是非常有效而且聪明的策略。鸟儿综合了一系列复杂的本能行为来建成一个鸟巢，黑猩猩通过一次次的试错，渐渐能够准确地采用恰当的策略打开被复杂上锁的盒子，这确实令人极为叹服。但是，这完全不同于婴儿所采用的策略。人类学家认为，**使用工具和做计划这两种能力都取决于我们对未来不同可能性的预期，这两种能力在人类种群的成功进化中功不可没**。[8]而且，我们甚至可以在尚不会说话的小婴儿身上看到这些能力。

在上述实验中，婴儿似乎能够想象未来的各种可能性。那么，他们是否也能够想象过去的反事实，即世界本来可以是别的什么样子的呢？对于较小的婴儿，我们只能从他们的行为中推断其反事实的思考，而对于年龄大一些的孩子，我们就可以明确地问他们关于"应该、也许、可能"的反事实问题。直到如今，心理学家们还认为孩子不擅长思考各种可能性。对于并不太了解的事情，他们的确不太会思考与事实相反的可能，但是，如果他们理解了所涉及的问题，那么，就算是两三岁的孩子，也能很熟练地创造各种不同的世界。

英国心理学家保罗·哈里斯（Paul Harris）也许比任何人都要了解孩子的想象力。[9]哈里斯是一个又高又瘦、谨慎少言的典型英国人，他在牛津大学工作了许多年。就像同样效力于牛津大学的著名作家刘易斯·卡罗尔（Lewis Carroll）一样，哈里斯的工作也是最严谨的逻辑与最奇特的幻想的结合。

哈里斯给被试儿童讲述他们耳熟能详的英国乡村故事。[10]之后，他向孩子们询问有关未来和过去的反事实。淘气的小鸭子穿着沾满了泥浆的靴子，准备走进厨房里。"如果小鸭子就这样走进厨房，厨房的地板会怎么样？仍然很干净，还是会变脏？""如果小鸭子先把靴子弄干净，再走进厨房，厨房的地板会怎么样？很干净还是会变脏？"就算是3岁的孩子也知道，只有小鸭子把靴子弄干净后走进厨房,地板才不会变脏。

> **思维实验室**
> THE PHILOSOPHICAL BABY

在我们的实验室里,戴维·索贝尔(David Sobel)和我设计了一系列故事卡片,这些画着故事情节图画的卡片,如果按照正确的顺序排列,就是一个完整的故事。[11] 我们向孩子出示这一系列图片,上面依次画着一个小女孩拿到一个饼干罐子,打开罐子,往罐子里面看,找到饼干,开心地笑起来。同时,我们也准备了另外一系列图片,包括了小女孩发现饼干罐子里没有饼干,小女孩又饿又难过的画面。我们先让孩子看按顺序排列的图片,并请他们讲述图画中的故事。之后向他们提问:"如果小女孩最后很难过,那可能是因为发生了什么事呢?"并且调换最后一张图片,这样,系列图片的最后是小女孩又饿又难过的画面,而不是开心的画面。"之前究竟发生了什么事呢?"而 3 岁的孩子也会相应地调换前面的图片,用画着空饼干罐子的图片替换装满饼干的罐子的图片,使之与假设的结果吻合。可见,很小的孩子也能够想象和推理不一样的过去。

奇妙的假装游戏

在孩子的游戏中,我们也可以看到反事实思维的证据。婴儿从 18 个月大甚至更早的时候起,就已经开始假装了。[12] 假装中包含了一种当下的反事实思维,想象事情可能有什么不同。例如,一个 18 个月大的小宝宝也许会一本正经地用一支铅笔假装梳头发或者把头靠在枕头上假装熟睡,但同时也会不断咯咯地笑。很小的孩子就开始将一件物品想象成其他事物。蹒跚学步的孩子会把任何东西,包括积木、鞋子、装满麦片的碗都当作交通工具,一边极其顺口地嚷着"嘀嘀!",一边推着这些东西满地跑。他们也会温柔且小心翼翼地送三只玩具小羊上床睡觉。

在为这些年幼的孩子挑选玩具时,我们会觉得这种假装是理所当然的。例如,商店里的玩具柜台上摆满了鼓励孩子玩过家家的玩具:农场、加油站、动物园,甚至还有玩具 ATM 机和玩具手机。然而,并不是因为我们提供了玩具,2 岁的孩子才玩过家家;相反,是因为他们热爱假装,我们才给他们提供这些玩具。就算没有玩具,孩子也会直接把日常事物,如食品、鹅卵石、草叶,甚至你和他们自己假装成其他东西。而且,即便是在假装游戏不受鼓励的文化中,就像狄更斯的小说《艰难时世》(*Hard Times*)中格莱恩先生的学校那样,孩子们仍然会不断地玩假装游戏。《不让一个孩子掉队法案》(*No Child Left Behind*)中的测验政策似乎在回应格莱恩先生的策略,在幼儿园中用读写训练替代了化妆游戏和假装游戏。

一旦能开口说话,孩子们就会立刻开始谈论可能的事情,就像在说真实的事情一样。当我还在牛津大学读研究生时,我记录了 9 名幼儿学说话以后的所有话语。这些咿呀学语的孩子刚刚学会使用单个的词语,就已经用这些词语来表示真实的事和可能的事了。他们不但经常嘟嚷着"嘀嘀",还会在假装吃一个球的时候说"苹果",或者把布娃娃放进小床里并说"晚安"。在我观察的孩子里,有一个叫乔纳森的红头发男孩特别可爱,他有一只很喜欢的泰迪小熊,他的妈妈仿照英国电视剧《神秘博士》(*Dr. Who*)里博士戴的那种围巾,给乔纳森和小熊也织了两条围巾,小的围巾给泰迪小熊,大的则给乔纳森。有一天,乔纳森戴上了泰迪小熊的那条围巾,然后咧着嘴巴笑个不停,还宣布自己的新身份是:乔纳森小熊!

语言为想象装上发动机

学习语言让孩子获得了一种全新而有效的方式去想象。虽然就算是还不会说话的小婴儿,也或多或少地具备预测和设想未来的能力。但是,学会说话更为他们提供了一种特别有效的方式,让他们能够用新的办法把旧的想法组织起来,并让他们能够谈论并不存在的事物。我们可以想想"不"这个词所具有的力量,这是孩子们最先学会的词语之一。当父母们想到"不"这个词时,他们会立刻联想到 2 岁的孩子坚决不做某事时的麻烦场景。确实,孩子们用"不"来表示拒绝。然而,他们也会用"不"来告诉自己别做某事,就像在实验中拿着被封住口的套环往杆子上边比画边说"不"的孩子那样。

同时,孩子们也会用"不是"来表示并非真实的事物。例如,乔纳森的妈妈逗他说,游泳池里面全是橙汁,乔纳森立刻回应道:"不是橙汁!"此外,还有其他不太明显的词语,也有同样的效力,例如"啊噢"。在成人看来,这几乎不算是一个词语,但它是年幼的孩子最常使用的词。"啊噢"就像"不"一样,表示不会发生的事情。小婴儿在试图做某事却失败了的时候会说"啊噢,啊噢",这意味着理想状态遭遇了不幸的现实。

开始说"不"或"啊噢"之后,人也就立刻进入了反事实和可能性的世界,即没有走的那条路、未成事实的可能性。

我们发现,婴儿从开始会说并不存在的可能事物时起,就开始借助思考来使用工具了。[13] 能够谈及不同的可能性,有助于设想这些可能性。

很典型的是,孩子们在两三岁时,就会把醒着的大部分时间花在一个充满了假想身份的世界之中。走进任何一家幼儿园,你都会被一屋子的小公主、小超级英雄包围,他们会很有礼貌地递给你一杯并不存在的茶,然后警告你要避开其实并不存在的怪兽。这些孩子很擅长沿着自己假想的、不真实的开头一直演到最后的结局。保罗·哈里斯发现,即便是 2 岁的小孩也能跟你说,假装泰迪熊正在喝茶,如果它把茶杯打翻了,茶会泼到想象中的地板上,那么就要假装擦干地板。就像淘气的小鸭子那个实验一样,孩子似乎特别喜欢想象把整洁的环境弄得一团糟。孩子的反事实想象都是很具体、细致的。如果泰迪熊打翻了茶杯,你就需要用一块抹布来擦干,而如果泰迪熊打翻的是婴儿爽身粉,那么你需要的就是扫帚了。[14]

区分想象和现实

过去,我们一直把孩子的假装游戏视作他们认知局限的证据,而不是他们认知能力的证据。早期的心理学家,包括弗洛伊德和皮亚杰,都宣称假装行为标志着年幼的孩子无法区分虚构与真实、假装与现实、幻想与事实。当然,如果你看到一名成人还在做学龄前孩子才做的事,例如,有人顶着一头蓬乱的头发,身披耀眼的斗篷,告诉你她是童话里的皇后,你也许就会判定,她确实混淆了现实与想象,而且她肯定需要回家吃药。然而,弗洛伊德和皮亚杰都没有系统地探讨这个问题。

最近,认知科学家们开始审慎地探究孩子对想象和虚构有何了解。研究发现,甚至连两三岁的孩子也能够很好地区分现实与想象、虚构。假装游戏的特点之一就是伴随着孩子的咯咯笑声,哪怕是最早出现的假装游戏也是如此。正是这种窃窃私笑、心照不宣的表情和戏剧性的夸张表现,表明孩子们并没有当真，他们的行为是"假装的"。[15] 归根结底，就算是最小的孩子也不会真的尝试去吃假装出来的饼干，也不会试图用假装的电话真的对妈妈说话。

学龄前孩子大部分时间都在假装，但他们知道自己是在假装。

心理学家雅基·伍利（Jacqui Woolley）做了一个实验，让孩子们假装在一个盒子里放一支铅笔，然后让他们看到另外一个盒子里真的放进去一支铅笔。之后，盖好两个盒子。此时，实验者走进来找铅笔，并询问孩子们应该打开哪个盒子。3 岁的孩子就已经能非常清楚地告诉实验者，让她去真正装着铅笔的盒子里找，而不是假装的那个。[16]

与此类似，3 岁孩子也知道我们能够看见并且抚摸真正的小狗，而看不见也摸不到想象中的小狗，而且，我们在想象中可以把小狗变成小猫，但在现实中绝对做不到。[17]

我们之所以觉得孩子似乎分不清现实与想象，是由于他们在假装时非常具有表现力而且情感丰富。孩子能够对整个想象的场景产生真正的情感反应。例如，在上述实验中，保罗·哈里斯不再让孩子们想象盒子里有一支铅笔，而是让他们想象盒子里有一只怪兽。同样，孩子们都非常清楚地说，盒子里没怪兽，即使打开盒子，也不会看到怪兽，只是想象有怪兽而已。尽管如此，当实验者离开房间之后，很多孩子还是小心翼翼地远离了那个盒子。[18]

然而，孩子在这方面的表现与成人并没有太大分别。心理学家保罗·罗津（Paul Rozin）在实验中请成人把一个瓶子装满自来水，然后写一张"氰化物"的标签贴到瓶子上。尽管这些人都清楚地知道，他们只是假装这瓶水有毒，但仍没有人愿意喝瓶子里的水。[19]再如，我自己就傻傻地被汉尼拔吓坏了，虽然我十分清楚他只是个虚构人物。

与成人相比，孩子的情感更强烈、更难以控制，无论诱发这些情感体验的原因是真是假。易于担忧的父母可能会觉得，孩子害怕得躲在被子下发抖肯定是因为他觉得柜子里藏着怪兽。但科学研究表明，这并不是由于孩子无法理解想象与现实的区别，他们只是比成人更容易对想象和现实产生强烈的情感体验而已。

反事实思维与因果知识相伴而生

我们知道，即便是很小的孩子，也会不断地思考未来、过去还有现在的可能世界。我们也清楚，正是这种能力让人类有了独特的进化优势。那么，人的大脑，包括小婴儿的大脑，究竟是如何创造出这类反事实的呢？我们怎么能够设想出也许会存在于未来或本该存在于过去，但在当下尚无迹可寻的可能世界呢？更重要的是，人类的进化优势不仅源于对可能性的设想，更在于对各种可能性付诸行动，把可能的事情变为现实。但是，我们又如何得知在何种情况下、哪些可能性将会成真呢？而且，又该如何决定自己该做些什么来实现设想呢？

部分答案在于，**我们想象可能世界的能力与思考因果关系的能力紧密相关**。因果知识本身就是一个古老的哲学之谜。伟大的英国哲学家大卫·休谟认为，我们永远不可能真正地了解一件事怎样导致另一件事发生，我们所能获知的，仅仅是一件事常常紧随着另一件。现代哲学家戴维·刘易斯（David

Lewis）率先指出了因果知识与反事实思维之间的联系,[20] 自此,许多哲学家也纷纷附议。

一旦认识到 A 事与 B 事之间有因果关系,那么我们就能预测,如果改变 B 事,A 事会有何变化,从而能够看到改变事情所带来的不同。同样,我们也可以想象,如果过去采取某种行动,事情本来可能是什么样,尽管你当初并没有这样做。例如,一旦我知道吸烟是引发癌症的原因,我就能想象如果通过行动制止人们吸烟,世界可能会是什么样,并得出人们得癌症的可能性将会减小的结论。我们可以立即采取各种行动,包括拍摄公益广告、立法、发明尼古丁贴片等来制止人们吸烟。由此,我们能够准确地预测这些行动将会如何改变世界,从而构筑一个更少有癌症病人的新世界。而且,我们也可以回顾过去并总结出,如果过去的烟草工业没有拒绝做出改变的话,本来可以拯救多少人的性命。

对因果关系的理解让人们能够谨慎地实施某些可能会对世界产生特别影响的行动。曾经,当世界展现在面前时,我们也许仅有能力追踪解释。但是,我们确实有能力介入并干预世间万物,同样也能够真正促使事情发生。谨慎地介入世界不同于简单地预测接下来会发生什么。在进行干预时,我们会想象自己想要的某种可能的未来,而我们的行为也确实改变着世界,从而让梦想成真。[21]

当然,在有些情况下,其他动物或人也许并没有按照因果关系来认识世界,但仍能有效地改造世界。他们就像实验中 15 个月大的婴儿或者黑猩猩一样,可能通过"尝试-错误"法碰巧解决了问题。例如,黑猩猩可能注意到,如果把棍子伸进白蚁巢里,白蚁就会逃出来;15 个月大的婴儿可能发现，封住口的套环不能套到杆子上；医生也许会观察到，给病人服用阿司匹林，他们的头疼就消失了。那么下一次，只要重复同样的行为就可以了。但这些都只是碰巧罢了。

> 形成关于世界的因果理论，以至有可能考虑问题的各种解决方法，并在真正采取措施之前考虑不同的后果，能让人更广泛而有效地干预世界。

例如，假如知道套环上有洞，所以它能沿着杆子往下滑，你就能设计新的策略来应付封住口的套环；假如知道小耙子能钩住玩具跟它一起移动，那么你就能拿到远处的玩具了；假如知道大量的电脉冲作用于三叉神经会导致血管扩张，进而压迫神经导致头痛，你就能设计出准确作用于电脉冲过程或者影响血压的药物，那么当你服用类似舒马曲坦之类的镇痛药来缓解偏头痛时，你也就是在从神经病学家们所发现的关于偏头痛的因果知识以及由此得出的可能疗法中获益了。

孩子就是因果关系大师

找到诱发偏头痛和癌症的原因，并借助这些信息来改造世界，这当然是科学的任务。但是，是否只有科学家才能想到事物的因果关系并据此来创造新世界呢？似乎普通的成年人也十分了解世界的因果构造，而且他们会不由自主地想到各种反事实，虽然这让人感到遗憾和悔恨。

我们知道，孩子非常擅长反事实思维。而如果反事实思维取决于对因果关系的理解，同时也是人类不断进化、根深蒂固的天性，那么，就算很小的孩子也应该能够进行因果思考。事实上，婴幼儿确实已经很清楚世界的因果构造了，他们知道一件事如何导致另一件事发生。这是发展心理学近期最重要、最具革命意义的新发现之一。

心理学家曾经认为孩子不理解反事实，同样，他们也曾认为年幼的孩子不理解因果关系。孩子的思维应该被直接的感觉、知觉经验所限制，他们也许知道一件事会在另一件事之后发生，但不清楚一件事会诱发另一件事发生，尤其是，科学家认为孩子不理解隐含的因果关系，而这与科学知识有关。例如，种子之中的某种物质能让它生长，细菌能让人生病，磁铁能让铁屑聚拢，或者是潜藏的欲望能让人们做出某种行为。以皮亚杰[22]为例，他就声称孩子在学龄前都处于"前因果"思维阶段。

过去 20 年来，我们发现，孩子确实知道很多关于事物和人如何发展的知识，而且随着年龄的增长，他们还会学到更多。

皮亚杰在实验中向孩子询问的大多是他们并不熟悉的因果现象。他问学龄前孩子有趣但艰深的问题，例如"到晚上，天为什么会变黑"或者"云为何会移动"等。对此，孩子们要么表现得很困惑，要么就创造一些以成人的标准来看很不充分的答案，虽然这些答案往往有其自身的逻辑，比如"天变黑了，所以我们才能睡觉呀"或者"云彩动了是因为我想让它们动"。

如今，心理学家决定问一些与孩子熟知的事情有关的问题，例如"约翰尼为什么在肚子饿的时候打开冰箱"或者"小三轮车是怎么跑起来的"。就算是 2 岁的孩子也能给出很好甚至很详细的因果解释。比如"他认为冰箱里有食物，他想要食物，所以他打开了冰箱，这样他就能拿到食物了"。对于因果关系，年幼的孩子充满了永不知足的好奇心，他们永远都有问不完的"为什么"。

心理学家亨利·威尔曼（Henry Wellman）用一年的时间搜索了儿童语言数据交流系统（CHILDES），该系统是一个记录了上百名儿童日常对话的数据库。威尔曼曾是一名幼儿园教师，他说，在斯坦福大学行为科学高级研究中心的计算机室里，他享受着成年学者的宁静，但同时又再次被一群看不见的3岁孩子环绕，这种感觉很是奇怪，却又令人深有感触。他发现，两三岁的孩子每天都会问很多因果问题，并创造出很多因果答案。他们会解释物理现象："泰迪熊的手臂掉下来了，因为你把它扭得太厉害了。""珍妮坐了我的椅子，因为其他椅子都坏掉了。"他们会解释生物现象："他得吃很多才行，因为他正在长很长的手臂。""坏老鹰吃肉，因为坏老鹰觉得肉好吃。"但他们最喜欢的还是解释心理现象："我昨晚没有把它弄洒，因为我是好女孩。""我没有上去，因为我怕她。"这些解释也许并不总和成人给出的答案一样，但它们同样都是很好的逻辑解释。[23]

也有研究表明，年幼的孩子能理解很抽象或是潜藏的因果关系。他们知道，种子里的物质会让它生长，看不见的细菌会让人生病。[24] 日本心理学家波多野谊余夫（Giyoo Hatano）和稻垣佳世子（Kayoko Inagaki）通过向孩子询问对生命和死亡的理解探究了孩子日常的生物学知识。[25] 他们发现，全世界的孩子大约在5岁时，会形成一种活力论的生物归因理论，类似于日本和中国传统医药学的理论。这些孩子似乎认为，有一种单一的生命力量，就像中国人所说的"气"，让我们活着。例如，他们会预言，如果你吃得不够多，这种力量就会变衰弱，然后你就会生病。他们认为，死亡意味着这种力量不可逆转地消失，并能预测死去的动物不会复活。这种对死亡宿命的新认识有利有弊。年纪尚小的孩子觉得死亡更像是离开了，而不是结束："奶奶只是暂时住到墓地里或者天堂里，她还会回来的。"而一旦相信死亡是生命力量不可逆转地消失之后，孩子就会变得更加担忧死亡。借助这种理论，孩子建构了关于预测、反事实和解释的完整网络，就像亨利·威尔曼所研究的那个说某人"吃得多是因为他正在长很长的手臂"的孩子一样。

因果关系让想象也有了逻辑。例如，只要回想一下在保罗·哈里斯的实验里，能够准确地知道如果泰迪熊打翻了想象中的茶杯会有什么后果的孩子即可。将任何事情都设定得完全可行的假装游戏也许只会是一团乱。假装只有通过建立起想象的前提才有效，比如"我做妈妈，你做宝宝"，之后，才能准确地发展到与这些前提有因果关系的结局。孩子十分热衷于遵守正确的因果规则："你的激光枪没有打中我，因为我在盾牌的后面呢！""你必须喝你的牛奶，因为你是小婴儿啊！"

孩子从很小的时候起就形成了关于世界的因果理论。如果因果知识与反事实思维是相伴而生的，那这也许就能解释孩子为何会同时具备生成反事实和探索可能世界的能力。如果孩子理解事物运转的规律，他们也许就能设想事物的各种可能性。同样，这也许就能解释为什么有的孩子并不会进行反事实的思考。让我们回想一下 15 个月大的婴儿，徒劳地想把封住口的套环套到杆子上去的情形。他可能并不理解杆子和套环上的洞是如何组合到一起的。有时，孩子不能进行反事实思考，是因为他们并没有获得正确的因果知识，而不是因为他们不会设想各种可能性，这就像我不可能告诉你，原本可以做些什么来阻止航天飞机失事，或者如何防患于未然一样。

亨利·威尔曼指出，孩子们在日常对话中谈到了各种原因。继而，他进一步让孩子们在自身关于世界的物理学、生物学、心理学因果知识的基础上,说一说什么事可能或不可能发生。威尔曼发现,孩子们不断地利用这些知识来辨别各种可能性。[26] 例如,他们会说,约翰尼可以轻易地决定是否举起胳膊,但是他不能选择跳起来之后停留在空中,也不能选择让自己长高,或者从桌子中间穿过去。

我们测试过的一个小男孩在预言各种可能性之后,决定用实际行动来一一证明,这也展现了他的反事实思维能力。他说:"你不可能跳起来停留在空中,看!"然后他尽力往高处跳了一下。接着,他说:"看着!桌子,我要从你中间穿过去!"然后,他就像在表演一样,戏剧性地撞到桌子上,大叫:"哎哟!看见了吧?你不可能从桌子中间穿过去。"

就算很小的孩子,也已经形成了关于世界的因果知识,并会用这些知识来预测未来、解释过去、想象存在或不存在的可能世界。

然而,从更深的层面来思考,究竟是什么原因让孩子的大脑能够做到这一点呢?威尔曼、波多野谊余夫和稻垣佳世子以及我自己试图捕捉这些观点的一种方式,是指出孩子具有关于心理学、生物学和物理学的日常理论。这些理论类似于科学理论,但都是无意识的,而非有意识的;它们是深嵌在孩子大脑里的,而非写下来在科学会议上发表的。但是,诸如理论这类抽象的东西,究竟是如何嵌入孩子大脑里的呢?

大脑中的示意图与设计图

孩子的大脑建构了一种无意识的因果关系图,精确地呈现世界运转的方式。这种因果关系图很像我们熟悉的、用来表征空间的地图，甚至像电脑系统化的地图，如"地图查询"之类的。许多动物，从松鼠、老鼠到人，都会建构关于空间的"认知地图"[27]，用内在的地图来展现事物的空间位置，就像印刷版的地图上外显的图面。一旦在这种图上标明了空间信息，你就能够更加灵活、有效地利用该信息。我们甚至知道这类空间认知示意图如何嵌入动物的大脑中，以及保存在什么位置。它们就保存在大脑中被称为"海马"的区域，切除小白鼠的海马，它就无法再找到走出迷宫的路了。

示意图的一个作用就是让你能够由此创造设计图。设计图看起来就像示意图一样，但我们并不是通过改造设计图来适应世界；相反，我们是根据设计图来改造世界。我们一旦知道如何创造空间设计图，就能改变物体的空间布局，包括改变我们自己的位置，然后预测这些变化会带来什么效果。

假如你身处陌生的城市，手上却没有地图，你可能会在旅馆周围四处乱逛，直到偶然发现火车站或者餐馆，此后，你去火车站或者餐馆的时候都会走你发现它时的那条路。而一旦有了一张地图，你就会发现原来可以选择更短、更方便的路。有了地图，你就不用真的走一遍，也可以通过对比去某地的多种路径来发现捷径，甚至不需要拿着一张印好的地图也能做到这一点。拥有良好的认知地图能力的动物，例如老鼠，能够探索迷宫，建构内部的空间示意图，然后不需要经过"尝试－错误"的过程就能立刻发现从迷宫中的一个地点到另一个地点的路径。

人们也许不会考虑像使用设计图那样来运用示意图。毕竟，示意图所展示的世界是始终如一的，而人事实上会改变标明"你在此处"的"小红点"的位置。当你在设想可以选择的不同路径时，你也就想象并创造了不同的认知地图，而地图上的"小红点"也已经改变了位置。当你在一个空间内移动位置时，示意图就是一种有效的工具，用来建构新的认知设计图，想象将会发生的图景。

此外，有了一张示意图，你也就能考虑更多、更复杂的空间可能性。例如，你要设计一座新的花园，第一步就是画出庭院当前的示意图，标出破裂的水泥路、坏了的游戏攀爬架，还有一片片的杂草。而第二步则是构建出一张相似的示意图，画上用来取代旧庭院的理想花园，比如描绘出喷泉、方砖小路和观花树木。著名的园艺师"万能布朗"（Capability Brown）在看到一幅细细描绘着蜿蜒流淌的泰晤士河的素描时曾称赞："太巧妙了！"布朗把景观视为设计图的产物，视为人类的发明，而不是示意图上精确呈现出来的自然现象。诸如松鼠之类的动物也能够以一种更简易的方式使用空间示意图，计划藏坚果的位置，之后再找到这个地点。

我们一旦获得了新的、理想的示意图，就能够改造事物来将设计图付诸实践。我们可以通过走捷径到达一个新的地点，也可以把游戏攀爬架扔进垃圾场，然后运来喷泉以取代它的位置。示意图也有助于我们在做决定之前考虑所有的空间可能性。我们可以考虑是走小巷更快还是坚持走大路更快。在真正采取行动，把喷泉安置到特定地点之前，我们可以设想把喷泉安置在各种不同的位置，是与方砖小路呼应，还是与观花树木呼应。

孩子与计算机，谁更聪明

人类也会建构另一种示意图，即不同事件之间复杂的因果关系图。[28]例如，神经病学家建构了关于偏头痛的因果关系图，概括了神经活动与血压、头痛之间的所有联系。再如，能够对生物世界做出各种预测的孩子并不是孤立地看待死亡、生长、疾病与食物之间分别具有的因果关系的；相反，关于世界，他们似乎建构了一个完整而连贯的活力论描述。孩子认为，吃东西能让人获得更多能量，生病会消耗能量；成长能够增加因果力量，而死亡则会剥夺这种力量。他们也会做出新的预测，通常是过去从未听说过的。他们会说，只要不断地吃东西，你就能无限地生长；高个子的大人一定比矮个子的更老。我的儿子在身高还只有 1.57 米时就坚持认为，他没办法和一个年轻的篮球队员做朋友，因为那个人太高大了，而他太瘦小了。或者他们会解释说，人们必须吃饭，因为这会给你力量。这种生物学上的因果关系图让孩子得出了这些结论，甚至还有更多结论。[29]

虽然其他动物明显会创造空间认知示意图，但我们并不清楚它们是不是同样也会创造因果关系图。其他动物能理解具体的因果关系，例如它们知道自己的行动会直接导致接下来会发生的事情，大猩猩就知道用棍子捅白蚁巢，白蚁就会跑出来，或者，它们也许知道某些特别重要的因果关系，如变质食物与呕吐之间的关系。但是，这些动物似乎并不能建构就连很小的孩子也能创造的这种因果关系图。动物们似乎更多地依赖于"尝试－错误"的方法来学习，就像我们偶然发现阿司匹林能缓解头痛那样，而不是依赖于让我们发明诸如舒马曲坦之类的新药来消除偏头痛的那种因果理论。

20 世纪 90 年代，卡内基梅隆大学的一群科学哲学家在克拉克·格利穆尔（Clark Glymour）的领导下，开始尝试用数学来解释科学理论如何发挥作用。[30] 同时，加州大学洛杉矶分校的计算机科学家们在朱迪亚·珀尔（Judea Pearl）的领导下，尝试写出能够体现科学家做出的那种预测与建议的计算机程序。[31] 两组研究人员都偶然发现了有关因果关系图的一系列观点。他们发现了如何用数学来描述这类示意图，以及如何运用因果关系图来生成新的预测、干预和反事实思维。新的数学描述被称为"因果图模型",它取代了人工智能,并且启发了因果关系的新哲学观点。

人们可以写出利用这类因果关系图的计算机程序,就像"地图查询"程序利用空间示意图那样。"地图查询"程序利用一张完整的示意图,自动生成了从一个地方到另一个地方的成千上万条路径。几乎以同样的方式,借助因果关系图的计算机程序也能够完成人类科学家还有孩子所做的那种复杂的反事实归因。这类程序能够进行医疗诊断,并提供可能的治疗方案,或者针对哪些做法有助于阻止气候变化给出建议。美国国家航空和宇航局(NASA)已经在下一代火星机器人身上对这类想法进行了探究。

认知科学的一个核心观点认为,我们的大脑就是一种计算机,但它远比我们已知的任何一种真实的计算机更强大。心理学家试图探究人类大脑究竟使用了哪种程序,以及如何执行这些程序。由于孩子如此善于理解因果关系,因此我们认为,孩子的大脑也许正像计算机程序那样建构并利用因果关系图。事实上,正是因为起初与哲学家和计算机科学家的合作,所以才让我产生了关于因果关系图的想法。很多年来,在许多间酒吧里,我不断地和格利穆尔争论:我所研究的婴儿是否比他所研究的计算机更加聪明。显然,答案是,在某些方面婴儿确实更聪明,但其他方面则不然。但是,经过10年的实验论证,我终于让他把票投给了婴儿。

探测机关的实验

怎样才能发现孩子是否真的建构了关于周围世界的因果关系图,并借此设想新的可能性从而改造世界呢?如何才能发现孩子是否和专门的计算机使用了同样的程序呢？对此，我们可以向三四岁的孩子呈现新的因果事件，看看他们是否能够利用这一信息来预测、设计新动作，并考虑新的可能性。而且我们能够肯定，孩子仅仅基于所提供的因果信息而不用参考其他信息，就能得出许多结论。

思维实验室 THE PHILOSOPHICAL BABY

在商店售货员和实验室研究生的帮助下，我设计了一套"因果感知探测器"（blicket detector）。这个设备是一个方形的盒子，当把特定的积木放到盒子上时，盒子就会发光，并播放音乐。这时我们告诉孩子："看，这是我的机关仪器！有一些小机关可以发动这个机器。请你告诉我，哪些东西是机关？"孩子对这个设备很感兴趣，他们会立刻开始探究这个设备的工作机制，寻找哪些东西是可以发动设备的机关，他们在设备上对每一块积木进行实验，用力或轻轻地按压，甚至抠那些积木，试图发现里面藏了什么。

从来没有一个孩子怀疑其中的真相，那就是在重重帷幔后面藏着一个魔法小人，其实是研究生助手按下按钮，发动了设备。我最小的儿子安德烈斯是这个机关探测实验的预实验被试，相当于实验用的小白鼠。几个月后，当我终于告诉他这个设备的真实工作方式时，他的反应就像《黑客帝国》（The Matrix）里尼奥醒来发现看似真实的世界只是一个精心设计的骗局一样。

孩子一旦发现哪些积木能够发动这个设备，他们就能够利用这些信息来想象新的可能性，做出新的预测，包括反事实预测。[32] 在刚开始的一次实验中，我们告诉孩子，有一块特别的积木是发动设备的机关，然后把这块特殊的积木与另外一块普通的积木合在一起，把两块积木一起放在设备上。当然，设备也同样发光、发声了。我们最初测试的一个4岁孩子立刻就得出了一个令任何哲学家都为之骄傲的反事实结论。他兴奋地说："但是，如果你当时没有把那块机关积木也放上去，如果你只放上去这块积木（指着普通的积木），那么，机器就不会有反应啦。"

如果要求孩子让这套设备产生反应，他们就会直接把机关积木放上去。更值得注意的是，如果要求孩子让设备停下来，他们就会说："那得把机关积木拿走才行。"尽管此前他们从未见到有人拿掉积木让设备停下来。可见，孩子能够借助新的因果信息得出正确的结论，包括反事实的结论。他们会想象，如果把积木拿掉会怎样，或者如果当时拿掉积木，本来应该会怎样。

同样，新的因果信息也会带来更大的变化。指出哪块积木能发动设备或让设备停止也许不算什么了不起的事。于是，我和学生劳拉·舒尔茨（Laura Schulz）用另一种方式做了同样的实验。[33]

我们给孩子们呈现了一个类似的设备，但上面带有开关。孩子们不知道新设备如何运行。接着向他们提问："我们是按下开关，设备才会有反应，还是只要说出命令，设备就会有反应？"起初，每一个孩子都说要按下开关，它才会有反应，只是说出命令可不行。这些孩子都知道，机器的工作方式和人不一样。

但之后，如果我们向孩子们演示，只要对着这个设备说话，它确实就会发光，那么，孩子们就会改变原来的看法。此时，如果让他们关掉设备，他们会很有礼貌地对设备说："机器，请你停下来！"而不是去按开关。而如果再让孩子们预测，如何让另一个新设备有反应，尽管他们仍然认为按开关是更好的选择，但孩子也会比之前更容易接受"用语言命令"的可能性。为孩子提供新的因果信息改变了他们思考可能性的方式，也改变了他们将会采取的行动。例如，孩子就会开始设想此前完全不可能存在的能"听话"的机器。

同样，作为成年人的科学家，新的因果信息也让我们得以想象过去从未想过的可能性。科幻电影应该是想象力自由驰骋之所，但最让人受打击的就是导演们的想象力受当下的知识所限。例如，在电影《银翼杀手》(*Blade Runner*)中，哈里森·福特（Harrison Ford）绝望地跑向一部带有可视屏幕的公用电话。编剧的确想象出了带有电视屏幕的电话，却想不到未来公用电话也会跟着一起消失。没有什么比对未来的想象更容易过时的了，因为只有获得了未来的知识，才能想象未来的各种可能性。

通常，人们会区别对待知识和想象，甚至认为二者必定是对立的，但关于因果关系图的新发现表明，事实并非如此。理解世界的因果结构与形成反事实思维密切相关。

> 正是因果知识让想象有了力量，让创造成为可能。正是由于知道了世间诸事如何彼此联系，我们才能设想改变这些联系并创造新的联系。正是由于了解当前的世界，我们才能创造可能的世界。

知识与想象的这种深具人类特性的融合并不仅仅是成人的特权。事实上，这种融合甚至支持了童年最离奇的想象。想想看，那个假装自己是童话里的小公主的3岁孩子难道不是既可爱又有创造力吗？她身上同样流露出一种独特的人类智慧。掌握了这些新的科学观点，我们就能以新的方式来思考更多种不同的想象。下一章，我将谈谈那种创造出虚幻人物的独特想象，以及这种想象是如何与作家和演员们所创造的成人的戏剧相联系的。

02
虚构的内容怎样阐明真理：
想象与现实

柏拉图反感诗歌。事实上，他的表述非常极端：应该把诗人、各类剧作家及男女演员统统从理想国中驱逐出去。柏拉图认为究其本质而言，诗人所说的很多事都并不真实。更坏的是，他们还劝别人要对此信以为真。为什么要允许这样的骗子在理想的国度中游荡，还付钱给他们来创造假象？诗人甚至都算不上说谎高手，但是就算清楚地知道他们所说的并非真实，我们还是被诗人用某种特别的方式欺骗了。

知道什么是真实的，这对有机体而言非常重要，而且非常有益，这道理显而易见。了解这个世界让我们能够在世上生存。那么，为何虚构的内容也同样重要？为何它要帮助人们说谎，而且是以一种根本欺骗不了任何人的方式说谎？为什么诗人就算没有被理想国中的统治者驱逐，也不会因进化的自然选择而消亡？与孩子相对照，我们会对这个进化问题有更生动的了解。孩子是世上最天马行空、最热情的虚幻内容创造者。为什么会这样？这些假想的东西到底有什么作用？

从开篇至此，我一直都在讨论孩子对物理和生物世界的因果知识的了解，以及这些知识所带来的各种想象与可能性的反事实推测。我们可以看到，孩子的因果知识反映在他们的假装游戏中，甚至连小婴儿也会把球假装成苹果，把积木假装成小车，把铅笔假装成梳子，而且他们能想出这些反事实所导致的结果，比如苹果可以吃，小车会跑，梳子可以梳头发。了解某一事件如何导致另一事件发生，能够让我们获悉什么事将会发生，或者已经发生。

在本章中，我将谈谈另一种因果知识，以及随之产生的想象。孩子同样会建构关于心理世界的示意图，用关于心理的理论取代关于事物的理论，用日常心理学取代物理知识。这类示意图在孩子生活中发挥了更加关键的作用。对于人类这种社会性动物而言，理解他人能做什么，以及用自己的行动影响他人，比认识和改造物理世界更重要。许多人类学家都认为，这种"马基雅维利式的权谋智慧"[1]的发展是人类认知进化的发动机。人类个体是一种无法自己生存的可怜生物，我们的存活取决于我们让他人做我们希望之事的能力，结成同盟，组建联合，形成团队。就像弄清楚火的原理能让我们烹制食物、吓退野兽一样，弄清楚欲望是怎么回事，能让我们结交朋友或避开敌人。

你可能会期望这类心理学的因果关系示意图也反映在孩子的假装游戏中。事实上，有一类最显著的假装游戏恰好涉及创造反事实人物，即假想的同伴。创造假想的同伴反映出一种特别具有人类特征的社会和情感智能。乍看之下，假想同伴这类怪异的现象似乎很难与那种认为孩子是主动尝试着理解世界的小小科学家的看法联系起来。但事实上，假想同伴这种游戏化的自由正是童年进化的一个组成部分。它所有的组成部分都是为了保护人类未成熟期所采取的策略。

童年里无处不在的假想同伴

我自己童年时的一个故事，可以算是高普尼克家的一个恐怖故事，就像恐怖心理小说《螺丝在拧紧》（Turn of the Screw）一样，那是一个关于"邓泽"的哥特式传说。按照我妈妈的说法，2岁时，我坚持说，有一个名叫邓泽的奇怪小人住在我的婴儿床里。刚开始时，他很友好，而且很好玩，但是"后来就变得越来越坏"，而我妈妈只把这当作含糊的吓人故事。后来，我极其害怕邓泽，以至根本不肯上床睡觉。于是妈妈就决定让我和小一岁的弟弟换床睡。但是当她抱着弟弟，准备把他放到我的婴儿床里时，弟弟突然尖叫着抱紧妈妈，并且惊恐地指着婴儿床上我曾看到邓泽的那个位置。

假想同伴是童年期普遍而神奇的现象，激发了许多心理学的猜测。然而令人惊讶的是，迄今为止，还没有人真正系统地对此进行过研究。心理学家玛乔丽·泰勒（Marjorie Taylor）[2]决定填补这个空白。她受到自己女儿的启发，这个小姑娘花了大量的童年时光假装自己是一条叫作安布尔的小狗，之后又让自己成为好莱坞的一名女演员。在泰勒的著作中，我们见到了许多假想的同伴，例如小疯和小狂，它们是两只粗声粗气但羽毛鲜亮的可爱小鸟，住在一个小女孩的窗外，它们的喋喋不休有时候让这个小女孩快乐，有时候又让她感到厌烦。再如，小奶油长着一条垂到地板上的金色长辫子，她不仅向创造了她的 3 岁男孩解释托儿所里会有哪些紧急状况，还帮这个男孩的妹妹顺利过渡到幼儿园。邓泽的故事，至少按照我妈妈所说的，意味着我和我弟弟都太有想象力了，或者也有可能是太疯狂了。但是，泰勒的研究向我们揭示，假想同伴普遍得令人惊讶。

泰勒随机选取了一些三四岁的孩子及其父母，问他们关于假想同伴的一系列详细问题。63% 的孩子生动地描绘了他们头脑中奇异的假想生物。泰勒在不同的场合重复了同样的问题，发现每个孩子所描述的假想同伴始终一致。此外，他们的描述也与他们父母的单独描述十分吻合。这表明，孩子确实在描述自己假想的朋友，而不是一时冲动地创造了一个假想同伴来取悦实验者。

许多假想同伴都很有诗意，例如，班特住在光线里，所以我们看不见他；菲塔会在沙滩上搜寻海葵。有时，假想的同伴是其他孩子，有时则是小矮人或恐龙。偶尔，孩子自己也会变成假想的生物。写到这时，我抬头看了一眼窗外的花园，邻居家 3 岁的女孩和她妈妈站在一起，正握紧手掌，发出咆哮般的声音，她的脖子上套了一个拴着皮带的呼啦圈，皮带的另一端握在她妈妈手里。这位母亲向另一个 3 岁孩子解释道："别害怕，她是一只非常温顺的小老虎。"

让人郁闷的是，小男孩似乎总喜欢把自己变成力量很大的超级生物，而小女孩则更喜欢创造出一些小动物来施与怜悯、照顾。这两种模式在我的 3 个儿子身上都有体现："银河人"是大儿子那吓人的超级英雄密友；"特曼森博士"是二儿子那长着鸡蛋脑袋、有点好笑又有点阴险的疯狂科学家朋友；住在小儿子口袋里的是又小又脆弱的双胞胎宝宝。

假想的同伴可以是友好的，也可以是很坏的，就像邓泽那样，他们甚至可能是难以接近的。我的弟弟曾经被邓泽吓坏了，他现在已经长大为人父，做了《纽约客》的作家。他3岁的女儿奥利维亚在曼哈顿长大，她也开始创造假想的同伴。奥利维亚假想的朋友是查理·拉维奥利[3]，他忙得不可开交，以至不能陪奥利维亚玩。奥利维亚很伤心地说，她有一次在咖啡店碰巧遇到了查理，但他急急忙忙地离开了，所以她只能在假想的答录机上留言说："查理，我是奥利维亚，请给我回电话。"

不同文化背景的孩子都会有假想的同伴，而且令人意外的是，这似乎能抵抗成人的影响。有些信奉基督教的母亲不许孩子假想同伴，因为她们认为那些可能是魔鬼；信奉印度教的母亲不许孩子假想同伴，因为她们觉得这可能是前世的显现，将会带走现世的灵魂。许多美国家长虽然允许学前儿童假想同伴，但等孩子再长大些就不许了，他们认为这种念头很古怪。

但无论如何，假想的同伴始终存在。至少有些孩子在公开表示放弃之后，仍偷偷地将假想的同伴保留了很长时间。例如，墨西哥画家芙烈达·卡萝（Frida Kahlo）在她的自画像中画上了童年时的假想同伴；摇滚歌星科特·柯本（Kurt Cobain）自杀时把遗书留给了假想的同伴博达。虽然无法否认，这些例子也许验证了家长们对假想同伴这种怪异行为的担忧。就像邓泽的例子，假想的同伴有时也会在兄弟姐妹之间传播。但是到最后，他们通常都会从孩子的大脑里消失，了无痕迹。例如，邓泽只存在于家庭传说中，我和弟弟根本就不记得了。

泰勒的研究发现，有假想同伴的孩子与没有假想同伴的孩子之间存在相对较小的统计学差异，但这些差异并不是我们所希望的。年纪较大或独生的孩子比年纪较小的弟妹更可能拥有假想同伴，外向开朗的孩子也比内向害羞的孩子更容易拥有假想同伴。看电视较多的孩子较少有假想同伴，看书较多的孩子也是一样。可见，沉浸在他人的想象世界中的孩子似乎很少会自己创造假想世界。事实上，孩子是否会创造假想同伴，几乎是随机的。**假想同伴似乎是孩子的普遍特征，而非特殊的天才儿童或想象力丰富的儿童所专有。**

就像假装游戏一样，假想同伴的生动性，尤其是他们所产生的情感上的真实性让过去的心理学家们得出结论：假想同伴表明孩子对现实的理解并不稳定，特别是弗洛伊德学派，他们将假想同伴视作某种需要治疗的标志，昭示着孩子患上了需要治疗的神经敏感症。我弟弟曾发表了奥利维亚和查理·拉维奥利的故事，之后，他收到了大量深入分析《纽约客》的读者们的邮件，纷纷诊断奥利维亚有什么问题。在流行文化中，假想同伴也发挥了一种类似于心理分析的作用，诸如在恐怖电影《闪灵》（*The Shining*）和伤感的《迷离世界》（*Harvey*）中那样。

但是，假想同伴并不是判定天才或疯子的指标。有假想同伴的孩子并不会比其他孩子更聪明、更有创造力、更害羞或是更疯狂。假想同伴既不是痛苦与伤害的产物，也不是病理学中的先兆。

有些孩子似乎的确会借助假想同伴来解决生活中的问题，但对大多数孩子来说，假想同伴仅仅是为了得到一种简单的快乐。

泰勒发现，即使那些拥有活泼而生动的假想同伴的孩子也清楚地知道，这些伙伴都是想象出来的，就像他们知道现实与虚构的差异一样。孩子能够区分假想的朋友与真实的人，他们甚至会自发地评论这种差异。在泰勒使用的实验方法中，孩子要面对一名认真的提问者，这名成人会追问各种细节，例如，迈克·罗斯的巨人爸爸叫什么名字，或者恐龙高金的尾巴有多长。在实验中，孩子经常会打断话题，带着对提问者头脑是否清楚的明显担忧提醒他，这些角色终归只是假想出来的，它们都不是真的啦！

随着年龄的增长，一种新的想象活动往往会取代假想同伴。"平行世界"是一种假想的社会，而不仅仅是假想的个体。它是虚构出来的有着独特语言、地理风貌和历史的世界。例如，勃朗特姐妹年纪尚小时就虚构了许多平行世界，同样，电影《罪孽天使》(Heavenly Creatures)的真实原型，那两个青少年谋杀犯也是如此。

泰勒凭借自己的访谈技巧发现，与上述例子相比，很多普通的、没有文学气质的十几岁孩子也会创造他们自己的平行世界，就像大部分普通的4岁孩子会创造假想同伴一样。例如，一个十几岁的孩子创造了一个叫作提克里斯的星球，上面住着名为沙丘犬的体形庞大的巨犬、长着蓝色皮肤的类人动物和长着7排牙齿的阴险种族戴尔格里姆。从9岁开始，提克里斯星球就在这个孩子的生活中占据了重要位置，一直到12岁，它才像早先的假想同伴那样渐渐消失。当然，年纪较大的孩子所钟爱的书和游戏，如《哈利·波特》《纳尼亚传奇》《龙与地下城》《魔兽争霸》等都与平行世界有关。也许，平行世界不像假想同伴那样为人所熟知，部分原因是它不太常见，还有部分原因是它更加私密，不太可能拿出来和成人交流。

创设心理世界的示意图

为什么孩子会创造出假想同伴呢？此前，我们已经看到反事实思维与因果知识之间的紧密联系。由此，我们也会希望在心理的反事实与其他心理知识之间也存在联系。假想同伴就是心理上的反事实的典型例子。当想象中的泰迪熊打翻了茶杯，地板就会变湿。同样，如果婴儿床的另一头有一个恶毒的小人，或者电话答录机的另一端有一个繁忙的纽约人，他们也会有这类因果行为。假想的同伴反映了人是什么样的，会如何行动。假想同伴的全盛时期出现在 2～6 岁，而这个阶段的孩子也形成了关于心理因果理论的日常心理学概念。[4]

探索人类行为的所有可能

2～6 岁，孩子发现了关于自己和别人心理活动的基本事实，并规划出了一种关于心理的因果关系图。他们开始理解在愿望与信念、情感与行动之间的因果联系，同时开始理解机关与因果感知探测器、食物与成长或生病之间的关系。这种心智理论的一个核心原则是人们有不同的信念、直觉、情感和愿望，而这些差异会导致不同的行为。因为心理不同，所以行为也不同。

甚至连不会说话的婴儿似乎也有点理解人们会有哪些方面的不同了，而且，他们会由此进行新的、出人意料的因果猜测。

我们分别向 14 个月和 18 个月大的婴儿展示了两种食物：西兰花和小鱼饼干。[5] 意料之中的是，这些孩子都喜欢饼干，讨厌西兰花。于是，实验者分别尝了尝两种食物，表现出饼干让她感到恶心，而西兰花很好吃的样子。她会说"呃，饼干真难吃"和"嗯，西兰花太美味了"，表明实验者的喜好与孩子们的喜好刚好相反。之后，实验者向孩子伸出手，说："你能给我一点儿吗？"

婴儿会对实验者反常的口味感到有些震惊，他们会等待一会儿然后再行动。虽然14个月大的婴儿还是给了实验者饼干，然而，18个月大的婴儿，虽然从未见过有谁傻到不想吃小鱼饼干，但还是做出了正确的猜测，给了实验者西兰花。无论他们觉得这有多不可思议，也还是很贴心地做了自认为会让实验者高兴的选择。就像他们立刻就知道可以用小耙子够到玩具一样，即使从未见过有人这样做，他们也马上就知道应该给实验者西兰花而不是饼干。一旦了解了小耙子和玩具如何操作，你就能用新办法移动远处的玩具。同理，一旦清楚了别人的喜好，你就能做出新选择来取悦他们。

稍微大一些的孩子能够理解愿望、知觉、情感之间复杂的因果互动，他们可以预测由不同的心理组合而产生的所有可能行为。

在实验中，亨利·威尔曼告诉2岁的孩子，他的朋友安妮该吃点心了，要么吃生西兰花，要么吃脆谷乐麦圈。[6]点心装在盖着盖子的盒子里。安妮偷偷瞄了一眼，然后有所反应，但孩子并不知道安妮看到了什么。你可以问两三岁的孩子一系列关于这个场景的问题，包括与可能的未来及过去有关的问题，他们都会飞快地说出正确答案。如果安妮看到的是西兰花，她就会表现得比看到脆谷乐麦圈更难过；如果安妮偷看之后说"天啊"，那她一定是看到了脆谷乐麦圈；如果她说"哦，不"，那她肯定看到了西兰花；但是，如果安妮想吃西兰花，那她看到盒子里装的是西兰花就会表现得更高兴；而如果她根本没有看，就不会表现得特别高兴或者特别难过。

甚至5岁左右的孩子也开始理解我们的信念与周围世界的关系。例如，给孩子看一个糖果盒子，打开后却看到里面装满了铅笔。他们在看到铅笔时会很惊讶。但如果你问他们，其他人认为这个盒子里有什么，那么3岁的孩子会很自信地说："别人会觉得这里面装的是铅笔！"[7]在孩子平时解释"为什么人们这么做"以及"他们如何做"时，也可以发现同样的现象。[8]到 4 岁左右，孩子在解释行为时才开始使用想法、信念，尤其是错误想法和错误信念的术语，他们会说"人们认为钟楼怪人很坏，但其实他很善良"之类的话。届时，孩子会理解一个很重要的事实，即我们关于世界的看法有可能是错的。例如，年幼的孩子认为在世界和我们关于世界的想法之间存在直接的因果联系，而较大的孩子就开始认识到，这种联系是复杂的、间接的，在"看到盒子"和"知道里面有什么"之间，还有很多中间步骤，而有些步骤可能会出错。

正如建构生物的因果关系图会将成长与生病联系起来，孩子也会建构示意图，将不同的心理状态彼此联系起来，再与外部世界相连。有了这样的示意图，孩子就能探索人类行为所有可能的排列组合，设想人们可能想到、感觉到、做到的所有奇怪事情。《芝麻街》(Sesame Street)中的奥斯卡就能验证这种能力。一旦年幼的孩子认识到总原则，即奥斯卡喜欢我们讨厌的所有东西，他们就会很欣喜地猜测：奥斯卡喜欢垃圾、臭臭的食物和蠕虫，不喜欢小狗和巧克力，或者，只有给奥斯卡脏东西，而不是给他鲜花，他才会高兴。

正如我们同样期望的，这类因果关系示意图能让孩子采取行动改变他人的心理。例如，如果我知道安妮特别喜欢西兰花，那么我就知道，可以用西兰花来收买她，让她做我希望她做的事情；还可以逗她，不给她西兰花；还可以给她一大盘蒸好的西兰花，让她喜欢我。但是，如果她真正喜欢的是饼干，那么这些办法就再糟糕不过了。此外，我也会知道，如果想让安妮从橱柜里拿一些饼干给我，那最好确保她知道橱柜里有饼干；如果她并不知道的话，再怎么请求也没用。但是如果我不想让她拿到饼干，就可以撒谎，告诉她橱柜是空的。

小小"政治家"

能够使用心智理论的术语来解释人类行为的孩子，似乎能更熟练地改变别人的想法，无论是好是坏。

> 更能理解他人心理的孩子也更有社交技巧，但他们也更善于说谎。[9] 他们更具同情心，但也更有办法让你生气。

任何成功的政治家都知道，理解人们的想法有助于取悦他们或者操纵他们，以实现自己的目的。4 岁的孩子就可以是狡黠惊人的小"政治家"，尤其当选民是他们的父母时。

运用反事实思维，通过理解心理活动而获益的一个特别生动的例子，就是说谎。马基雅维利也会告诉你，说谎是权谋智慧中最有效的手段之一。人类欺骗他人的能力，对于处理我们复杂的社会生活大有裨益。很小的孩子也会说谎，但他们也许并不擅长。例如有一次，我的妹妹向妈妈大叫："我没有自己单独过过马路！"当时她正站在街对面。再如，众所周知，在玩捉迷藏时，很小的孩子会把自己的头藏到桌子底下，但大半个身子却明显地露在外面。

同样的现象在实验中也屡见不鲜。[10] 例如在一次实验中，实验者向孩子展示了一个关上的盒子，告诉他们盒子里有玩具，但不要偷看。之后，实验者离开了房间。而孩子的好奇心总是很强的，很少有人能抵住诱惑。实验者回来之后，问孩子是否偷看了，盒子里有什么。就算是 3 岁的孩子也会否认自己偷看过，但他们随即就会说出盒子里有什么！只有到了 5 岁左右，孩子才能够有效地欺骗别人。

更突出的是，理解他人的心理同样让我们能够干预自己的心理。由此，我们不仅可以改变他人的想法，还可以改变自己的想法。几乎在形成关于心理活动的因果关系图的同时，孩子也形成了被心理学家称为执行控制[11]的能力，即控制自己的行为、思想及感受的能力。

> **思维实验室** THE PHILOSOPHICAL BABY
>
> 执行控制能力最吸引人的一个案例来自效果显著但有些苛刻的"延迟满足"[12]实验。让我们回顾 20 世纪 60 年代，美国斯坦福大学心理学教授沃尔特·米歇尔（Walter Mischel）[①]向学前儿童被试展示了两块很大的巧克力曲奇饼干或棉花糖，然后让孩子选择：如果现在就吃，那只能吃一块饼干，但如果等几分钟实验者回来后再吃，就能吃两块饼干。对孩子们而言，这短短的几分钟就像一生一世那么漫长。在视频录像里，可以看到孩子们在椅子上扭动，闭上眼睛，坐到自己的手上，看上去可笑又可怜。大部分年幼的孩子没有忍住，他们放弃了，吃掉了一块饼干。但 3～5 岁的孩子就更善于控制自己。

此类研究中最引人注目的并不是孩子越来越善于自我控制这个事实，而是他们如何实现这种发展的。你也许会认为，孩子只是获得了意志力的增长，这的确有点道理。但是，孩子同样也越来越善于控制自己的思想，从而做出不同的行为。在延迟满足实验中成功的孩子，在过程中会用手蒙住眼睛、低声哼吟，或者干脆大声唱歌。当他们试图把棉花糖想象成膨胀的一大

---

① 棉花糖实验设计者、自控力之父沃尔特·米歇尔的唯一著作《棉花糖实验》详细阐述了实验的来龙去脉，本书中文简体字版已由湛庐文化策划、北京联合出版公司出版。——编者注

朵云，而不是诱人的糖果时，效果更好。作为成人，我们也总是采用同样的策略来控制自己的行为。例如，我会把巧克力放到自己拿不到的高架子上，或者向自己承诺，写完这一章就出去散步、买花，没写完就先不去。这类执行控制策略也是极其有效的进化机制。设想可能有哪些不同的做法，并且付诸实践，这使人能够以进化史上前所未有的方式来控制和改变自己的行为。

> 理解世界让我们不仅可以设想并实现不同的世界，而且可以设想他人的各种可能的行为，并使之成为现实。事实上，这也能让我们设想自己可以有哪些行为，并付诸实践。

延迟满足实验中的这些孩子学到了关于心理活动的重要内容。例如，他们认识到，一直盯着自己想要的东西只会让想要的欲望更加无法抗拒，而想想别的东西就会让欲望没有那么强烈。他们运用关于心理的因果知识来改变自己的想法，正像他们利用关于他人的知识来欺骗他人一样，也正像使用关于机关探测的知识来发动设备那样。

从假想同伴到平行世界

玛乔丽·泰勒发现，比较而言，有假想同伴的孩子似乎也拥有更多的心智理论，尽管他们并不比别的孩子更聪明。有假想同伴的孩子也更善于猜测其他人会如何想、有何感受、如何行动。以此类推，社会化程度更高的孩子事实上要比害羞、孤独的孩子更有可能创造假想同伴，这与流行的观点刚好相反。不可避免的事实是，成人总是认为假想的同伴如鬼魅般令人毛骨悚然。然而，孩子却证实，假想的同伴不仅是司空见惯的，更是社交能力的标志，它并不会取代真实的朋友，也不是某种治疗形式。有假想同伴的孩子真的会关心他人，即使不在眼前，也会想起他们。

从假想同伴到平行世界的转换也许反映了孩子关于他人的因果知识的转换。年纪较大的孩子一旦明白了个体的心理如何活动，就会逐渐对心理活动以更复杂的社交方式互动时的状况产生更大兴趣。他们不再只对理解其他个体感兴趣，他们开始试图理解对成年后的生活很关键的、复杂的社会网络。例如，中学教室里会充斥着同盟、排挤、斗争现象，以及领袖、亲信和边缘人，而孩子们则会专注于对此进行分类。**平行世界是探究非现实社会的方式，正如假想同伴是探究反事实心理活动的方式一样。**

自闭症孩子无法想象他人

想了解因果知识、想象和游戏之间的关系，可以观察患有自闭症的孩子。[13] 自闭症是一种复杂而难解的病症。许多有各种潜在问题的孩子都可能会被含糊地贴上"自闭症"的标签，但其中至少有一种可能的问题就是有些自闭症孩子很难建构因果关系图，尤其难以建立关于心理活动的因果关系图。通常，他们似乎也无法想象各种可能性。

自闭症孩子往往熟知物理世界，他们是火车时刻表专家，或者了解各种汽车模型。他们通常也会有卓越的感知能力和记忆力。例如，一个患自闭症的"学者"甚至能在清理干净桌子后，还能精确地告诉你刚才有多少根火柴从盒子里掉了出来。但也有一些证据表明，他们不会自发地依据更深层次的隐性原因来分析世界。患自闭症的作家天宝·格兰丁（Temple Grandin）曾谈及"用图像来思考"，其他自闭症患者可能也是如此。举例而言，当我们在实验中向自闭症孩子展示因果感知探测器时，他们只注意到积木的颜色和形状，而似乎根本不在乎这些积木是否可以发动设备。此外，丽莎·卡普斯（Lisa Capps）发现，自闭症孩子并未像正常发育的孩子那样，形成关于生长和生命的日常生物学概念。

就算不了解生物学知识，我们也能过得很好。然而，如果没有关于他人的因果理论，在理解他人时就会有许多困难。例如，马克·哈登（Mark Haddon）在《深夜小狗神秘事件》（*The Curious Incident of the Dog in the Night-Time*）[14] 一书中引人入胜地描述了一名患自闭症的少年，这名少年就像其他自闭症患者[15]一样，很难理解他人，也无法与他人互动。哈登书中的男主角根本看不到自己父母面临的明显困境。

书中有一个情节，男主角的治疗师给他做了我们此前描述过的"糖果还是铅笔"的实验，结果他完全困惑了，而且根本就无法解决不能理解别人想法的问题。除此之外，大量系统证据表明，自闭症孩子无法获得关于他人心理的理论。

同样，自闭症患者几乎从来没有假想的同伴，实际上，他们根本不玩假装游戏。他们甚至不知道假装游戏是什么。[16]哈登书中的男主角觉得，就算自己正在写故事，所叙述的一切也都必须完全真实。

> 如果没有因果理论，就难以思考反事实。自闭症孩子几乎无法建构有关他人心理的因果理论，所以，他们也不会自如地理解精神生活中的各种可能性。

理解真实心理活动的多样性和创造多种想象的心理活动，这二者息息相关。也可以说，因果知识与反事实思维关系密切。建构了关于他人心理活动的复杂因果关系图的孩子，也同样能够想象出复杂的非现实之人，反之亦然。自闭症孩子无法建立此类示意图，所以，他们也就不能设想其他人如何。"了解他人"与"想象他人"似乎总是协同并进的。

孩子假想的同伴与成人虚构的角色

玛乔丽·泰勒也发现，孩子编造假想之人的能力与成人创造虚构的非现实世界的能力有所关联，小说家、戏剧家、编剧、演员和导演都拥有这种能力。打扮成童话故事里那披着耀眼斗篷、头发散乱的皇后的，不是3岁的小孩，就是有精神病的成人，但她也可能是扮演仙境中的仙后的女演员。

此外，孩子假想的同伴和成人虚构的角色也有很多共同之处。许多作家在描述虚构的想象时，用词与孩子类似，似乎虚构的人物也是独立的个体，只是刚好并不存在于现实之中而已。在《使节》（*The Ambassadors*）一书中，亨利·詹姆斯（Henry James）[17]这样描述作者与书中角色们的关系："他们总是走在他的前面，事实上，他落后了好远，不得不气喘吁吁、慌里慌张地竭力追赶。"很显然，作为成年读者，就算知道这不是真的，我们也会从各种虚构的角色那里感到深深的触动、恐惧以及安慰。

泰勒考察了50个自称是写作虚构小说的人，从获奖小说家到热情的业余作者。她发现，几乎所有人都觉得自己创作的角色是独立自主的主体，就像亨利·詹姆斯和创造假想同伴的孩子所感受到的那样。他们感到笔下的角色会在街头尾随自己，会与自己争论其在小说中的角色。其中还有很多人声称，自己只是被动地在记录这些角色的言行而已。

此外，这些作者中几乎有一半人记得至少一个假想的同伴，并能细致地描述假想同伴的特征。相应地，在普通高中生中，尽管大部分人也许确实有过假想同伴，但很少有人声称自己能记得。对大多数成人而言，假想同伴已经悄悄地消失了，就像邓泽之于我一样。但是虚构故事的作者似乎和他们过去的假想同伴还很熟悉。拥有假想同伴的 3 岁孩子并不算特别有创造力，也许因为所有的 3 岁孩子都已经够有创造力的了，但是，一个能够与童年的想象生活保持联系的成人，最后极有可能开始写作虚构故事。

同样，可以依据示意图的观点来考虑虚构与现实。此前，我曾解释了我们如何采用同类思考来创造示意图和设计图。事实上，还存在着第三种类型的示意图，它几乎更加明显地区别于真实的视觉世界，即我们可以借助示意图来创造一个虚构的空间，一个现在和未来都不会存在的空间。例如，小说《指环王》(*The Lord of the Rings*) 最有吸引力的地方就是每本书后详尽的地图，上面显示了穿越迷雾山脉各条路径的具体信息，以及从奥斯吉力亚斯到魔都的精确距离。中土大陆地图所利用的资源与你居住的小镇示意图或花园设计图所利用的资源完全一样，但它却能让你想象一个虚构的空间，而不仅仅是理解真实的空间或创设新空间。除了建构过去和未来的反事实，我们同样可以借助因果思维机制来建立虚构的反事实。

虚构之事与反事实之间只存在程度差异，而没有类型上的不同。虚构之事也是一种反事实，只不过与其他的可能世界相比，它发生在距离我们的真实世界更远的地方而已。虚构世界也是一种反事实的世界，只是在那里，公共汽车并不运行。如果说，过去的反事实是我们为未来的反事实所付出的代价，那么，虚构的反事实也就是我们免费获得的奖励了。因为我们可以计划、期望、对未来负责，所以我们也可以怀疑、做白日梦、躲入虚构之中。

想象与现实因何不同

研究表明，孩子的假想同伴与其对他人的了解密切相关。可以说，因为熟知，所以能尽情假想。而这种早期的假想似乎在成人的虚构故事中得到了延续。这也许有助于解释一些显而易见的谜题：为什么虚构故事中就连成人也觉得昭然若揭的谎言，却似乎能够神奇地揭示出关于人类境况的深刻真理？为何戏剧、小说、诗歌、故事和神话会对我们如此重要？为什么就连我这样专业而科学的心理学家也会感到，自己通过简·奥斯丁（Jane Austen）的小说所知的人类性格与社会生活，远远多过在《人格与社会心理学》（Journal of Personality and Social Psychology）中了解到的？

物理世界的因果关系图与心理世界的因果关系图之间有着重要差异，但正如物理世界的示意图让我们可以改造世界，心理世界的示意图也有同样功效。就心理而言，因果关系与反事实之间、示意图与设计图之间，联系愈发密不可分。改造物理世界时，我们极大地依赖于这个世界的因果构造。例如，我们需要花费数年甚至几个世纪，才能发明出建造桥梁或建坝堵水的技术。

改造心理活动，包括改变自己的心理，似乎要容易得多。因为我们可以使用语言，这一点连幼儿园的孩子都知道。在心理学的因果关系中有一种几乎算是神奇的现象：只要在房间那边或者甚至在地球那边说几句话，就立刻会让某人满怀深情地感慨，或者暴跳如雷。同样，想想仅是一封宣布召开会议的电子邮件，就能让世界各地的人在同一时间准确地到达同一位置，而对着岩石、树木做同样的事情就是不可思议的了。

实际上，在心理世界中，几乎一切都是由人类的干预而塑造的。当然，我们也能以更彻底的方式改造物理世界，并获得一个十分"非自然"的物理世界。任何一座现代城市的大部分结构都是人为改造的产物，但至少还有未经任何人力干涉的物理世界存在可供比较。虽然也许在不久之后，只有到火星或者月球才找得到这样未经雕饰的天然环境了。

而在心理世界就没有什么"天然"可言，也不存在完全无损的精神荒原。即使是以狩猎采集为生的原始人，也会受特定的习俗、传统、同伴意图的影响。例如，澳大利亚原住民沃匹力人（Warlipiri）与非洲的阿卡俾格米人（Baka Pygmies）完全不同，就像美洲原住民不同于日本原住民一样。野生动物或野花就是纯粹的动物或花而已，但诸如著名的法国阿韦龙省发现的野孩子（Wild Child of Aveyron），也已经受到各种影响或损害了。

此外，与物理世界相比，心理世界中各种想象的可能性的范围更广，束缚力量更弱。人类文化超凡的多样性就是对此的有力证据。当然，也存在一些心理上的共性，例如，人类都有信念、愿望、情感，当欲望得到满足时，人们会感到幸福、快乐，反之则会感到不快。但也并非所有心理安排都是可能的，进化心理学家称，部分心理安排更难以维持，这也许是对的。进化中的一个事实是，我们人类很难维持一夫一妻制或独身制，但另一个同样真实且更惊人、更有趣的事实是，人类的确创造了一夫一妻制或独身制，并且发明了民主、性别平等、和平主义等全新的心理态度，更不用提摇滚乐队乐迷、芝加哥小熊队球迷们的心理了。举例而言，独身者和小熊队的球迷确实形成了与其角色身份相匹配的欲望和信念：禁欲和相信小熊队会获胜。无论这些欲望和信念在进化的观点看来有多么荒谬，要理解独身者和小熊队球迷，就必须先理解他们"非自然"的欲望和信念。

因此，我们往往很难判断孩子是否正在认知他人心理的因果结构，或改变自己的心理。美国孩子会认识到美国式的心理，而日本孩子则会学习日本式的心理，就像他们会分别了解美国和日本的桌椅、风貌如何一样。但同时，这种学习似乎允许孩子，更确切地说是欢迎孩子将自己的心理也改造为美国式的或者日本式的。举例而言，孩子仅仅是能够发现周围的人都重视个性、忽视合作而已，还是他们能够借助这种发现来让自己成为和周围的人一样重视个性、忽视合作的人呢？

这些原因导致我们在心理世界中很难将示意图与设计图区分开来。关于他人最重要的因果事实，即我们预测和改变他人行为所需了解的事实，都是人们过去干预的产物。我们的所思所为均反映出别人曾对我们说过什么，做过什么，甚至更值得注意的，反映出我们自己曾对自己说过什么，做过什么。

但是，必须认识到，其中并没有神秘主义、相对主义或者反进化论的东西。我们以及周围的人都更有可能创造自己的心理世界，而不是发现它；更有可能发现物理世界，而不是创造它。但二者都涉及了同样独特的人类归因能力。心中的因果关系图让我们既能理解现存的物理世界和心理世界，也能发明与实现新的物理世界和心理世界，更能让我们进行预测、想象不同的可能性，创造虚构的内容。

灵魂的工程师

当面对物理世界时，因果关系图和心智理论似乎都是最先出现的，之后才有了对这些示意图进行工程化运用的设计图。虽然的确存在虚构的物理反事实，以科学虚构为例，我们可以想象物理世界运转的不同方式，但它们远不及心理虚构那样普遍和引人注目。

而当面对心理世界时，反事实和设计图似乎尤为重要。例如，一些伟大的虚构文学就向我们呈现了自己和他人可以如何选择的蓝图，以及这些选择所导致的后果概况。例如，《源氏物语》的作者紫式部告诉我们爱可以有哪些新形式，《追忆似水年华》的作者普鲁斯特告诉我们什么是势利，荷马则告诉我们什么是英雄主义。

孩子明白，如果泰迪熊弄洒了想象中的茶，如果试图和假想的查理·拉维奥利吃午餐或者躺进邓泽所在的婴儿床，会有什么样的想象后果。而作家则知道自己作品中的想象会有何后果，例如，紫式部知道，光源氏的魅力会带来什么；普鲁斯特知道，结交权贵向上爬的后果是什么；荷马也知道，阿喀琉斯的骄傲会导致什么。

编造了"泰迪熊把茶弄洒"这出悲喜剧的孩子向我们展示了他对泰迪熊和茶壶的熟悉。而查理·拉维奥利的故事的引人注目之处就在于，只有3岁的奥利维亚已经十分了解繁忙的典型纽约生活中所蕴含的独特因果结构。她知道，如果你在纽约街头偶然碰见熟人的话，最好的做法就是对他说"有空的时候一起吃午饭吧"；她也知道，就算在电话答录机中给一个很忙的人留言，也通常不大有效。虽然奥利维亚才3岁，但她已经获得了纽约生活的所有个人经验，并且将这些经验转化为关于纽约的清晰理论。通过讲述查理·拉维奥利的故事,奥利维亚表现出了对典型纽约人心理活动的相当理解。而且,只需要倾听奥利维亚的讲述,她那些住在加利福尼亚州的生活悠闲的表兄弟们就能知道纽约生活是什么样的,虽然他们并没有关于黄色出租车和街角咖啡店的直接经验。

光源氏、马塞尔、阿喀琉斯的故事体现出更加复杂的成人心理知识,只有阅读相应的书籍,我们才会了解这些知识。就像从奥利维亚的故事中可以窥见 21 世纪的纽约一样,从前述三位作家的著作中,我们也得以领略 11 世纪的日本生活、19 世纪的法国生活以及古希腊生活分别是什么样的。此外,我们还能在这些故事中发现自己生活的影子。

W. H. 奥登在小说《指环王》[18]出版伊始便发表评论说,书中许多表面上的非现实(暂不提表面看来的愚蠢),例如,可怕的半兽人、矫饰的精灵,与同时流露出的那种深刻诉求之间存在着强烈的冲突。奥登说,当我们就像看待一系列物理事件那样,从外部来看待所有生命时,一切就像是冷酷的现实主义者编造的某种虚幻,令人感到无聊、沮丧的事情接踵而至。但是奥登继续说道,当从内部来看待时,生命等同于纷繁的选择,从许多反事实的可能性中选择一种,从诸多可能的世界中选择自己的路。即使在最普通的生活中,再琐碎的目标里也充斥着必须发起某种行动的不可抗拒的意义和重要性,而最普通的挫折也会变得像重山巨壑般难以逾越。

心理学的观点认为,从内部来看,任何人的生活都呈现这样一种结构:产生了也许无望但至关重要的诉求,却面对着无法逃避而令人却步的鸿沟。而虚构的反事实,就算是像《指环王》那样离奇的幻想,都有助于为生活中的这种跋涉提供指引。

玩耍的功效

甚至连最小的孩子,也和成年作家、读者一样使用着相同的方式,普遍地创造着虚构的内容。然而值得关注的是,孩子们积极寻求的那种离奇的反事实虚构,在成人的认知活动中只是附属品而已。

在成人看来,虚构世界是一种奢侈的享受,而预测未来才是生活中真正紧要、严肃而认真的事。但是,对年幼的孩子而言,想象的世界就像现实世界一样重要,一样吸引人。科学家们曾认为,孩子无法分辨现实世界与想象世界,但事实并非如此。回想一下在哈里斯和泰勒的实验中出现的那些孩子,他们很清楚,假装的怪兽和假想的同伴都不是真的。孩子们只不过没有发现什么特别的理由,令自己非得喜欢生活在现实世界里不可。

当看到孩子沉浸在假想的世界中时,我们会说:"噢,他正在玩呢。"这一点颇具启迪意义。成人会将有用的活动,如煮饭、造桥等,与诸如读小说、看电影之类的活动区分开来,并认为后者只是"有趣的""娱乐性的"活动,换言之,只是玩耍。而由于孩子受到庇护,远离日常生活的压力,坦率地说,由于他们完全无用,所以,他们所做的一切都像是玩耍。他们既不需要外出造桥、耕地,也不需要准备一日三餐或赚钱养家。但正是让孩子为之着迷的、无休止的假装游戏,反事实虚构的展现反映出了最为复杂和重要的人类能力特质。

"无用"更"有用"

从宏观的进化视角来看,玩耍这种看来无用的行为却可能大有裨益。回想第 1 章曾呈现的进化图景:孩子与成人之间存在某种劳动分工。童年时,我们可以尽情探索现实世界和各种可能的反事实世界，而不用操心何种世界更适宜栖居。成年后，我们就必须弄明白自己是否想进入其中某个可能的世界，以及如何把自己的家具、财物也一起搬进去。

虽然孩子可能是无用的，但他们也是有目的的无用。这是因为孩子不必将自己的想象限制于当下的实用目的，而是可以无拘无束地构造因果关系图，锻炼自己创造反事实的能力。他们可以自由推断各种不同的可能性，而不仅限于会有所回报的几种；他们也可以想象世界或许是别的什么样子，而不仅限于当前的境况。等到长大成人之后，他们就要依赖于有关物理和心理世界的因果关系图和考虑世界其他模样的能力，来征服充满了各种未来可能性的认真而严肃的现实世界。[19]

这种劳动分工会导致成人与孩子间的更多差异。前文曾提及，存在于小婴儿与年幼的孩子之间，同时也存在于成人与孩子之间的显著差异，就是心理学家所谓的抑制功能，控制自己不冲动行事的能力的发展。这种抑制能力让人不会仅凭当下的感受而行动，而是服务于更宏观的目标。的确，与成人相比，婴幼儿更不受拘束，这是普遍的事实，甚至有观点表明，是大脑前额叶皮层的发育引发了抑制功能的增强。

孩子比成人学到更多

通常，心理学家的研究让人觉得，在童年期无法自我抑制的现象是一种缺陷。当然，如果你的动机是探寻如何过好日常生活，如何真正有效地做事，那么，这确实是一种缺陷。但是，如果你的动机只是探究现实世界和所有可能的世界，那么，这种看似的缺陷其实就是一种财富了。假装游戏中没有任何拘束，年幼的孩子往往会不由自主地追寻任何一种随机的想象。与成人不同，年幼的孩子似乎并不会因为特别青睐贴近计划的反事实而不喜与计划无关的一方，也不会选择只探究或许有用的可能性，他们会探究所有的可能性。

这种自由探索在进化中的成果就是：孩子会比成人学到更多。但孩子并不会变成失控的假装者，因为他们正有意识地试图了解世界和他人。

> 孩子之所以恣意地玩假装游戏，是天性所致。只有从更宽泛的进化视角来看，孩子无拘无束又无用的虚构才会是作用最为深远的人类活动之一。

成人的虚构则位于童年期离奇而自由的反事实与成年后受限制而实用的反事实之间。我们可以这样看待成年的虚构文学作家：他们将童年的认知自由与成人的克制结合在了一起。成年戏剧家往往异于广大成人，而与孩子相似，他们只是为了探究人类经验的各种可能性而探究。但他们异于孩子而与其成年同伴相似的是，依照所有成人竭力吁求的那样，执着而克制地、有目的地探究。

当然，艺术和文学反映了我们玩耍的能力，这种观点古已有之，但是，思考孩子玩耍的认知价值为这种旧观点增添了新活力。疯狂、粗心、无拘无束的 3 岁孩子可能根本无法独立完成穿上防雪服之类的简单任务，因为各种各样的事物会分散他的注意力，比如不得不和想象中的老虎搏斗，必须确保假想的同伴也穿上衣服了，等等。然而事实上，他的确在练习某些最复杂、最具深远哲学意义的人类本质能力，虽然这种说法明显不能安慰那些着急让孩子按时完成任务的父母们。

03
探寻真理的三大工具：
统计、实验与模仿

苏格拉底与格劳孔有一段对话是这样的。

苏：让我们想象在一个洞穴式的地下室里，有一条长长的通道通向外面，可以让和洞穴一样宽的一缕亮光照进来。有一些人从小就住在这个洞穴里，头颈和腿脚都绑着，不能走动也不能转头，只能向前看着洞穴后壁。让我们再想象在他们背后远处高些的地方有东西燃烧着发出火光。在火光和这些被囚禁者之间有一条向上延伸的路。沿着路边已筑有一段矮墙。矮墙的作用像傀儡戏演员在自己和观众之间设的一道屏障，他们把木偶举到屏障上头去表演。

格：我看见了。

苏：接下来让我们想象有一些人拿着各种器物

举过墙头，从墙后面走过，有的还举着用木料、石料或其他材料制作的假人和假兽。而这些过路人，你可以料到有的在说话，有的没在说话。

格：你说的是一个奇特的比喻和一些奇特的囚徒。

苏：不，他们是一些和我们一样的人。你且说说看，你认为这些囚徒除了火光投射到他们对面洞壁上的阴影之外，他们还能看到自己的或同伴们的什么呢？

格：如果他们一辈子头颈被限制了不能转动，他们又怎能看到别的什么呢？

苏：那么，后面路上的人走过去时举着的东西，除了它们的阴影之外，囚徒们能看到它们别的什么吗？

格：当然不能。

苏：那么，如果囚徒们能彼此交谈，你不认为，他们会断定，他们在讲自己所看到的阴影时是在讲真物本身吗？

格：必定如此。

苏：又，如果一个过路人发出声音，引起囚徒对面洞壁的回声，你不认为囚徒们会断定，这是他们对面洞壁上移动的阴影发出的吗？

格：他们一定会这样断定的。

苏：因此无疑，这种人不会想到，上述事物除阴影之外，还有什么别的存在。

——柏拉图《理想国》[1]

显然，苏格拉底的意思是，我们就是这群囚徒。这个年代久远的著名意象，一群身处烟雾笼罩的洞穴中、被绑缚着无法行动的囚徒，是至今仍令人生畏的古老哲学问题之一。《黑客帝国》中借用了类似的图景，也产生了相同的影响，但其效果更加细致具体。世界传达给我们的，只是一些投射到视网膜上的光线和振荡于耳膜中的空气分子，仅仅是图像与回声而已。所以，我们怎么可能真正了解外部世界呢？关于世界的理论究竟从何而来？我们又如何能够正确得知呢？

孩子惊人的学习能力

发展心理学家们早已获悉，孩子的学习能力相当惊人，甚至有人认为，孩子与科学家使用了同一种极有效的学习技能。[2]然而，在细节上，我们并不十分了解这种学习何以成为可能，无论是科学家的学习还是孩子的学习。我曾认为这将是穷极一生也无法解决的难题，但事实上，我错了。近年来，在理解某类学习如何实现以及探究科学家和孩子如何准确地发现周围世界的真相方面，人们取得了一些惊人的进展。

在前两章中，我们已经看到，就算很小的孩子也熟知世界的因果结构，他们会建构因果关系图。这类知识赋予了孩子出色的想象能力，使他们可以设想各种不同的世界，并改造现实世界。而且，因果关系图是不断发展的，5岁的孩子比3岁的孩子知道得更多，而3岁的孩子又比1岁的孩子知道得更多。孩子自己建构的因果关系图会日益完善，其所反映的世界越来越精准，由此，他们能产生更多的奇思妙想，也能更有效地行动。孩子能够正确地了解世界如何运转，所以，想必小婴儿自出生起就具备了强大的因果学习机制。

然而，就算知道此类因果学习机制的存在，关于这种机制具体是什么以及如何使人领会真理，我们还能了解得更多吗？经验与真理之间存在着巨大的鸿沟，而因果学习就是对此的典型例证。伟大的哲学家大卫·休谟率先明确地指出了这一难题："我们能观察到一事紧随着另一事发生，但我们无权由此创造某种总括的规则，也不能预言在相似情形下会发生什么，否则会被认为是不可宽恕的鲁莽……而且，无论是多数情况还是个别情况，都是如此。"[3]

我们所看到的只是事件之间的偶然性，一件事伴随着另一件事而来。但怎么能由此断定一件事肯定会引发另一件事呢？更糟的是，在现实生活中，因果关系很少只涉及两件事。相反，在因果关系中，许多事情会错综复杂地纠缠在一起。而且，在现实生活中，一件事总是紧随另一件事发生的情形也很罕见。通常，某种原因只是导致特定结果更有可能出现，而不是绝对会出现。例如，抽烟容易导致肺癌，但并非绝对如此，某烟民是否真的会患肺癌，这取决于其他多种因素交织而成的复杂原因网。

认识概率

像其他真正有意义的哲学问题一样，因果学习的问题也远没有解决，但确实已有了显著进展。我们之前曾提到，科学哲学家和计算机科学家建构了数量化的因果关系图，同样，他们也创设了学习这类因果关系图的技术。他们用数学来解释理想的科学家如何认识因果关系，并且开始将这种抽象的数学信息转化为能够真正认识世界的现实的计算机程序。[4]

这类程序依赖于逻辑和数学概率。当提到逻辑时，我们常常会想到一成不变的确定性和绝对答案。但在科学和日常生活中，并不存在绝对的答案。不断积累的证据只能证明某些可能性出现的概率高低，而无法提供确定性。

然而，没有绝对答案并不意味着绝对没有答案。事实上，我们十分确定这世上并无确定性，也十分清楚各种不够清楚的知识，我们能够明确地表达一种概率逻辑。近期的诸多成果大多源自与概率有关的理念，最先提出这种理念的是 18 世纪的哲学家、数学家、神学家托马斯·贝叶斯（Thomas Bayes）[5]。贝叶斯曾发表过一些文章，如《神之仁慈》（*Divine Benevolence*），但这些文章早已被人遗忘。反而是在他死后从其遗作中发现的未经发表的概率论文章，成了 21 世纪计算机科学和人工智能的基础。

贝叶斯的主要观点是，学习就是认识各种可能性发生的概率。他认为没有什么是永远确定的；相反，我们只能说，某些可能性发生的概率更大。随着有关世界如何运转的证据渐渐增多，我们也就能系统地提高那些可能性发生的概率。点滴的细微证据也能推进某种假说，使其超越其他假说。而如果证据特别充分，那么最不可能发生的事也有可能成真。

> **学习是一个长期而缓慢的过程，其间会有无数错误的开始和革新，我们曾认为绝不可能发生的也有可能就是真相，或者至少成为当前的最佳解释。**

贝叶斯的理论提供了精确的数学路径，让人得以步步接近真理，虽然永远无法完全获知真理。将贝叶斯的学习观与上一章提及的因果关系图相结合，计算机科学家们就掌握了一种成效斐然的方式来建构学习机器。实际上，人们往往会把这种因果关系图解模型称为"贝叶斯网络"。试想，在解释世界时，假如有两种可能的理论，即两种可能的因果关系图，我们要如何确定哪一种才是确实正确的？

请回忆一下有助于人们进行预测的各种示意图。借助这些示意图，我们就能判断哪些结果更有可能出现。例如，我认为吸烟会导致肺癌，据此就能预测：禁止吸烟将会降低肺癌发生率。但若因果关系图不同，吸烟不会诱发肺癌，那么，禁止吸烟就不会有这种作用。那就需要做实验、临床试验甚至进行一次大规模的流行病学研究，才能找出真正原因。

如果因果关系图预示了该证据，那么，用于判定"此证据真实、正确"的新因果关系图形成的概率就会增加。新证据意味着某种因果关系图更有可能出现：假如人们不再吸烟，肺癌发生的概率就会下降，那么这意味着，吸烟导致肺癌发生的概率就会增加。借助因果关系图，我们可以预测世界将会如何发展。而将这些预测与实情相对比，就能系统地认识到任何特定的因果关系图成为事实的概率。

图灵测试

在著名的图灵测试（Turing Test）[6]中，主试坐在一台计算机终端机前，尝试分辨与自己互动的究竟是一个真正的人还是一台计算机。在此，计算机之父阿兰·图灵（Alan Turing）认为，如果无法区分二者，那就不得不承认计算机也有智能。诸如微软电子邮件之类的服务器至今仍在进行图灵测试，例如让用户辨认一个模糊的单词，这样就能确保用户的电子邮箱地址不会被垃圾邮件制造者随意窃取。但是，要想真正论证图灵测试，还需更加审慎。图灵在其初稿中还提到了"儿童化的计算机"测试。他认为，计算机应该能做成人做得到的事情，同时，也应该可以像人类孩子一样学习如何做这些事情。

大多数计算机远远无法通过图灵测试，但它们类似的功能正在日益完善。借助新的贝叶斯算法，我们建造了可以真正认识世界的计算机。美国国家航空和宇航局的计算机科学家们已经开始设计电脑程序，让机器人可以无须向地面专家咨询而独立分析火星岩石的矿物成分。[7]生物统计学家所设计的计算机程序则能够输入大量基因数据，并且能分析将基因组转变为有机体的复杂因果顺序。[8]美国国家航空和宇航局的科学家们甚至设计出了可以收到卫星数据并据此分析拉丁美洲附近海域气温变化如何影响印度洋季风的计算机程序。[9]

这类程序的工作原理是模仿科学研究的过程。那么，科学家如何解决因果学习的问题呢？通常，他们会采用三种技术：对证据进行统计分析、自己做实验、从他人的实验中获知。例如，医生如果想了解吸烟是否会致癌，可以统计分析烟民患癌概率的流行病学研究资料；可以进行随机对照实验，将同组患者一分为二，一半的人戒烟，另一半的人继续吸烟；也可以阅读期刊文献了解已有的实验结果。在理想的情况下，上述三者都应实施。乍看之下，这三种认识世界的方式似乎都非常复杂、抽象。的确，普通成人在如此下意识地分析统计数据、设计实验或者评估已有实验时，都会感到备受折磨。任何一个教授或学习统计学课程的人都可以证明这一点。

通常，人们大多会凭直觉处理一些不能有意识处理的事情。例如，在开车时，我们会无意识地完成有关车速、方向盘反应、路况等的复杂运算；在理解句子时，我们则会无意识地完成有关声音和语法的复杂运算。事实上，就连很小的孩子也可以通过统计和实验来认识世界，所用的方式几乎与有经验的科学家和美国国家航空和宇航局的计算机一样。

8 个月大的统计学家

统计，也即计算不同事件各种组合发生的概率，之后，我们可以利用这一信息来得出因果结论。例如，计算吸烟的人和不吸烟的人是否患肺癌的数量，之后就能算出吸烟的人患肺癌的概率，并能将此与不吸烟的人患肺癌的概率进行对比。接着，需要分析其他变量，如年龄、收入等，从而证明肺癌与吸烟直接相关，不受其他因素影响。

1996 年，《科学》(*Science*) 发表了珍妮·扎弗兰（Jenny Saffran）极具开创性的论文，文中指出，就算是只有 8 个月大的小婴儿也已经对统计学的模式十分敏感了。[10] 在此文的激发下，一大批令人兴奋的有关小婴儿统计学认知能力的研究纷纷涌现。

如何才能证明小婴儿也会统计？扎弗兰通过观察小婴儿学习语言的过程对此进行了分析。以听到"可爱宝贝"这个词为例，当我们看到书写出来的这个词时，每个字都是独立的；相反，当我们听到别人说出这个词时，单独的字之间并无停顿，而是连贯地构成了一个词。当我们试图听外语时，对此会更有体会。所以，"可爱宝贝"并不会被听成"可，爱，宝，贝"。那么，你又如何得知"可"和"爱"、"宝"和"贝"分别组合起来都是词语，但"爱宝"就不是呢？

如果你是一个小婴儿，已经听了 8 个月的话语，尤其是还有一个特别温柔、精力充沛的妈妈，那么你会常常听到"可"后面跟着"爱"，不只是"可爱宝贝"，还有"可爱小子""可爱小心肝"；同时，"宝"后面经常接着"贝"，不仅是"可爱宝贝",还有"心肝宝贝""乖乖宝贝"。但是,你很少会听到"爱"和"宝"单独连着出现。那么,你可能就会运用自己统计的信息,即"可"后面跟着"爱",但单独的"爱"后面很少跟着"宝",由此理解"可"会和"爱"一起出现,但"爱"和"宝"就不会。

为了验证婴儿是否真能做到这一点,扎弗兰设计了一个非常聪明的实验,采用"习惯化-去习惯化"技术试图解释婴儿的心理。这种技术所依赖的观点是:婴儿更喜欢看到、听到新鲜事物。

如果给婴儿反复播放同一段声音,他们就会感到无聊,然后把头转开。此时若播放新的声音,他们又会开始注意这声音并倾听,重新转向声音源并为之吸引。采用这种方式,可以验证婴儿对于统计是否敏感。

例如,给婴儿播放一长串无意义音节,中间没有停顿,音节的组合方式多元。在一串音节中,"ga"始终跟在"ba"后面出现,而"da"则可以跟在许多音节后面出现,包括"ba"。所以,听到"ba"之后一定会听到"ga",但只有 1/3 的概率在听到"ba"之后会听到"da"。接着,再给婴儿播放单独出现的各个无意义词语,如"bada"或"baga"。需要谨记,婴儿喜欢听到新的声音,而不喜欢总是听到熟悉的声音。那么,他们是否会辨认出"bada"比"baga"少见,并由此喜欢听到"bada"的声音组合呢?答案是肯定的。婴儿会无意识地使用概率模式来了解哪些音节更有可能一起出现。

这种发现概率模式的能力是否仅仅局限在语言上呢？史蒂芬·平克（Steven Pinker）①或诺姆·乔姆斯基（Noam Chomsky）等人可能会辩驳说，在大脑中确实有专门的区域负责处理语言信息。然而，用音乐中的音符来进行类似实验，比如听到 Mi 总是跟着 Re 出现，而 Re 总是跟在 Do 后面，这也是音乐欣赏的起步[11]，或是用视觉场景来进行，比如看到门时通常也会在旁边看到窗[12]，8 个月大的婴儿也同样能够发现其中的概率模式。

在最近一项特别引人注目的研究中，加拿大不列颠哥伦比亚大学的许菲（Fei Xu，音译）证明了 9 个月大的婴儿能够理解一些重要的统计学概念。[13]

在实验中，许菲先让婴儿看到装满红色和白色乒乓球的透明箱子。有时，婴儿会看到箱子里红球多、白球少；有时则是白球多、红球少。之后，许菲将箱子四面遮挡起来，使其不再透明。接着，实验者从中连续取出 5 个球：4 个白球、1 个红球，或者相反。那么仔细想来，从白球较多的箱子里碰巧连续 4 次都取出红球，这种情况虽然出人意料，但也不无可能。当然，这种情况十分罕见，在更多的情况下，从白球较多的箱子里更有可能连续取出的都是白球。

很小的婴儿似乎也是这样对其中的概率进行归因的。所以，如果很反常地，实验者从白球较多的箱子里接连取出多个红球，婴儿

---

① 当代思想家、世界顶级语言学家、认知心理学家史蒂芬·平克在其著作《语言本能》中对人类语言的进化做了深入探究。本书中文简体字版已由湛庐引进，浙江科学技术出版社出版。——编者注

注视的时间就会更长一些；如果从白球多的箱子里接连取出多个白球，或是从红球多的箱子里接连取出多个红球，婴儿注视的时间就会相对较短。就像贝叶斯一样，9个月大的婴儿也能够考虑不同可能性发生的概率。

所以，就连9个月大的婴儿也可以发现概率的模式，而这正是统计数据的基础。那么，婴儿是否也能像科学家一样，利用这种模式来总结事件之间的因果关系呢？**至少在两岁半时[14]，可能还更早，孩子就已经能够利用概率来进行真正的因果推理了。**[15]

为了验证这一点，我们又进行了第1章所阐述的那个探测机关的实验。这次，向孩子呈现的是积木与设备之间模式比较复杂的可能性联系。孩子们会像探究有关吸烟水平与患癌率的庞大数据表格的科学家一样来进行探究。当然，我们所提的问题是关于因果感知探测器的类似问题。我们会问孩子，哪些积木能够发动设备，以及如何停止。

我们向孩子展示了两种模式的积木，如图3-1所示。在两种情况下，白色积木3次都能发动设备，而黑色积木在3次里只有2次能发动设备。如果孩子只是探究不同积木发动设备的频率，那他们在两种情况下的行为应该一致。但是，概率的模式是不一样的：在第一种情境中，黑色积木只有在和白色积木一起的情况下才能发动设备。这就需要排除白色积木这个因素，就像我们在考察吸烟与患癌率的关系时要排除年龄、收入等因素一样。

图 3-1 "它是不是机关？"实验

资料来源：Gopnik, Sobel, Schulz, and Glymour, 2001.

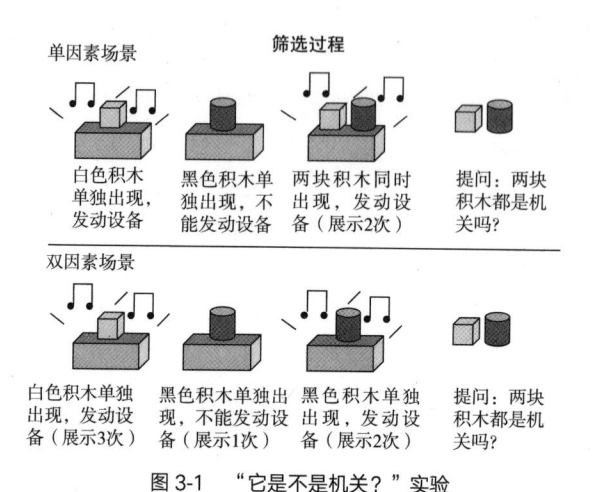

在这个实验中，3 岁、4 岁甚至 2 岁的孩子都能答对。他们都认为，在第一种场景下，白色积木是机关，黑色积木不是；但是在第二种场景下，两类积木都是机关。为了弄明白这一设备的工作原理，他们使用了科学家会用的那种统计推理。

此外，孩子还能够运用刚获得的新信息来让周围世界发生变化，虽然是极其微小的变化。

我们可以向孩子呈现如图 3-2 所示的一系列事件：放上黑色积木，没有任何反应；拿掉黑色积木，放上白色积木，设备发光、播放音乐。此时，加上黑色积木，设备继续发光、播放音乐，即两块积木都放在盒子上，盒子仍有反应。之后，要求孩子让设备停止反应。孩子们并未亲眼看到应该如何操作，尽管如此，他们都做出了正确的选择：拿掉白色积木，一切就能停止；而拿掉黑色积木就不行。同样，这个实验里，孩子也认识到了如何改变周围环境。另外，在"双因素场景"下，孩子就知道要同时拿掉两块积木，设备才会停止反应。

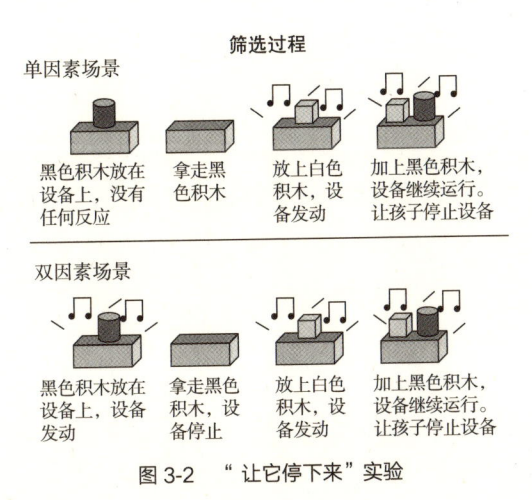

筛选过程

单因素场景

黑色积木放在设备上，没有任何反应 | 拿走黑色积木 | 放上白色积木，设备发动 | 加上黑色积木，设备继续运行。让孩子停止设备

双因素场景

黑色积木放在设备上，设备发动 | 拿走黑色积木，设备停止 | 放上白色积木，设备发动 | 加上黑色积木，设备继续运行。让孩子停止设备

图 3-2 "让它停下来"实验

资料来源：Gopnik, Sobel, Schulz, and Glymour, 2001.

甚至还可以证实，这些年幼的孩子会无意识地计算概率。我们向孩子展示了一块积木，放到设备上 6 次，有 2 次能发动设备，之后，再展示另一块积木，4 次里能有 2 次生效。结果发现，还不会做加法的 4 岁孩子也知道，第二块积木放到设备上会比第一块积木更有效。[16] 在另一项实验中，我们可以证明，孩子甚至会使用比贝叶斯归因更复杂的策略来计算原因和结果的概率。[17]

3个月大的实验专家

除了观察,科学家们也会通过实验来认识世界中的因果结构。在一项实验中,科学家会有目的地采取行动进行干预,也会运用相关知识来改造世界。然而,一个实验的目的并非促成某事,而是弄清楚事情发生的原理。科学家会谨慎地引入新变量,例如小心地将硫酸注入钠中,或是将盘尼西林投放到细菌培养皿中,观察此后发生了什么情况,诱发了什么事件。据此信息,科学家能够在现实生活中总结出钠元素与硫酸、盘尼西林与细菌之间的因果关系,虽然此时尚未干预。有了这些结论做支撑,科学家就可以进一步广泛而有效地改造世界。例如,用盘尼西林治疗肺结核及霍乱。

如果两个事件同时发生,那往往是由于背后隐藏着我们尚未得知的共同原因。例如,我们猜想日常压力会诱发高血压,同时也会诱发心脏病。接着,假如抽取一群被试,随机分为两组,向其中一组人提供降血压药。如果他们心脏病发作的概率下降,那一定是因为这种药物的作用。也就是说,我们可以从数学概率的角度用贝叶斯网络来总结:采取特定模式的实验所得出的结果,验证了最初的因果推理。可见,数学家们也能够回答,为何实验是探究原因最有效的方式,为何实验能够比单纯的观察提供更加准确的结论。[18] 这也表明,我们并不需要像科学家为了发现原因那样去做正规的实验,其他一些看上去很像是儿戏的干预活动也有助于我们的探究。

婴儿也会做"实验"吗?是的,每一个很小的婴儿都会特别关注自己的行动所产生的结果。例如,我们可以在婴儿床上方挂一个会动的玩具,用丝带把玩具和3个月大的婴儿的腿绑在一起,这样,婴儿踢腿时就会带动玩具,那么婴儿往往会不停地踢腿。这是小宝宝的一种实验吗?抑或他们只是喜欢看到玩具动起来而已?为了验证这个问题,可以给婴儿呈现同样会动的玩具,但不要将玩具和婴儿的身体连在一起。结果是,婴儿更喜欢凝视对他们能产生影响的玩具,也会伴随更多的微笑和咿呀低语。这表明婴儿不只是喜欢看到玩具转动的效果,而是在试图制造这种效果并看到自己行为的结果。他们开心欢笑是因为看到自己的"实验"成功了。[19]

此外,婴儿也会系统地探究不同肢体动作导致玩具动起来的可能性,[20] 他们会试着先踢一条腿,再踢另一条腿,然后挥舞双臂,同时观察玩具的反应。而且,如果你把他们抱起来,过一会儿之后再放回摇篮里,他们也会立刻开始踢蹬系上丝带的那条腿,让玩具动起来。这些探究似乎真的就是婴儿的"实验"。他们行动的目的是探究事情的原理,而不是诱发特定的事件。

上述研究婴儿的早期实验,似乎是为了研究婴儿的行为与随后发生的事件之间的直接因果关系而设计的。但是,长到1岁时,婴儿将会系统地改变自己对物体的动作。皮亚杰很早之前就阐述过这种实验性的游戏,[21] 即孩子不再重复同一动作,例如,不再反复用积木敲桌子,而是会用积木重重地敲桌子,之后再轻轻地敲,或者先敲一敲,再摇一摇,并且一直仔细观察。此外,他们不仅观察自己行动的直接结果,也关注"后期"更进一步的结果。例如,给一个18个月大的婴儿一堆积木,他就会尝试各种不同的组合、布局、角度,看看用哪些积木可以搭建起稳固的高塔,而哪些积木搭在一起会导致同样令他满意的崩塌。到4岁时,孩子就会开始进行更加复杂的实验。

我和劳拉·舒尔茨设计了另一种有魔力的设备：齿轮玩具[22]，如图 3-3 所示。就像此前的因果感知探测器一样，齿轮玩具也向孩子提出了新的因果问题。齿轮玩具是一个方形的盒子，顶部有两个齿轮，侧面有开关。按下开关，两个齿轮会同时开始转动。光看设备本身，无法分辨其工作原理。但是，如果拿掉 A 齿轮，再按下开关，B 齿轮自己也会转动；如果拿掉 B 齿轮，再按下开关，A 齿轮就不会转动。借助这些实验，我们可以得出结论：开关控制着 B 齿轮，B 齿轮带动 A 齿轮转动。

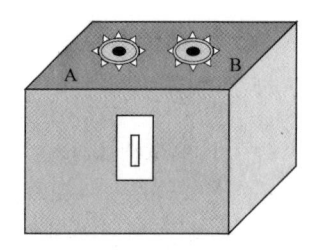

图 3-3　齿轮玩具

如果你对此感到不太确定，有些糊涂，那请放心，你并不孤单。当我们对加州大学伯克利分校的研究生做类似的实验时，他们试图弄清其中的奥秘，却完全困惑了。直到我们提醒他们要跟随自己的直觉之后，他们的表现才有所好转。

在实验中，我们让一群 4 岁的孩子自己弄明白齿轮玩具的工作原理，然后，实验者离开，让孩子们单独待在房间里，而隐蔽的摄像机会记录下他们的表现。如我们所料，孩子们都会玩这个齿轮玩具，他们转动齿轮，听听盒子里的响声，甚至会闻闻盒子。但是，孩子们也不断地按开关，拿掉齿轮再装上去。仅仅在玩这个玩具的过程中，大部分孩子就能弄懂它的工作原理。

此后，劳拉·舒尔茨还提供了更加显著的证据，证明年幼的孩子借助实验一般的游戏就能解决因果问题。[23] 她向 4 岁的孩子展示了一个带有两根压杆的盒子。在实验一中，实验者对孩子说："那是你的压杆，这是我的压杆，让我们看看这两根压杆能做什么。"之后，实验者和孩子一起按下压杆，这时，盒子里会弹出一只小鸭子。这意味着孩子并不知道究竟是哪一根压杆让鸭子弹出来的，两根压杆都有可能。实验二与实验一几乎完全一样，所不同的是，这一次，孩子与实验者分别按下压杆，而鸭子只有在其中一根压杆被按下时才会弹出，很明显，特定的压杆才能让鸭子弹出来。之后，舒尔茨离开房间，让孩子与盒子单独相处。实验一中的孩子摆弄盒子的时间明显长于实验二中的孩子，因为实验二中，盒子的工作原理展示得更清楚。孩子们会反复按压、操作压杆，直到弄明白到底怎么回事为止。

在另一项实验中，克里斯蒂娜·勒加雷（Christine Legare）采用了我们的机关探测实验，并加入了细微的变化。[24] 他让一组学龄前孩子看到积木可以发动设备，但是，另一组孩子则先看到三块积木都发动了设备，但之后，他们看到一块积木无效。勒加雷问孩子们："为什么会这样？"之后，离开了房间，让孩子自己玩这个盒子。孩子们说出了一大堆有趣的解释："因为你放错地方啦！""因为电池没电了！""它只是看上去像是机关积木，但其实是假的。"其中，看到谜题的孩子摆弄盒子的时间远远长于那些只看到常规盒子的孩子。而且，这些孩子摆弄的方式反映出了他们对此的解释。例如，那个说"最后一块积木是假的"的孩子就仔细地找出了一堆有效果的机关积木,然后把它们和那块"假的"积木分开。

对此,经常和婴儿或者年幼的孩子在一起的人并不会感到多么意外。我们往往会理所当然地认为,年幼的孩子会不断地"投入某事中"。事实上,照顾者们的一个主要任务就是在涉及诸如插座、电风扇之类的事物时,避免让孩子们的这种探究本能对他们造成伤害。我们可以进行一个发展心理学中的"亲自验证"练习,随便找一个1～2岁的孩子,在一旁观察他玩自己的玩具半个小时,数一数你从中发现了多少个实验,任何一个孩子都会让最多产的科学家汗颜。

但细细想来,孩子这样做,显得有些奇怪。他们自己投入其中的事情并不能满足当下的直接需求,他们的直接需求却是由成人来给予的。那么,孩子为什么要在这些事情上花费如此之多的精力和时间,甚至罔顾自己的安全呢?

> 将孩子比作一台认知因果关系的机器也许有一定的道理。实验是发现新的因果关系及其效果并理解已经观察到的因果关系的最佳途径之一。火星探测器也许是近来最突出的发现型机器,它也和孩子一样会探究一切事物。

尽管幼儿园老师和家长早已本能地感觉到玩耍对学习有益,但上述各项实验却真正从科学的角度证实了这一点。就像假装游戏能帮助孩子探查可能性一样,玩耍让他们得以认识世界。我们希望,这些证据能够减缓管理者们从早期课程中取缔玩耍的步伐,他们对玩耍的反对就像狄更斯小说里描写的那种刻板的老学究。

进行实验的动机似乎是内在的，但实验能为我们提供一种认识外在事物的方式。我们内部所建构起来的，是能够发现所有外部世界的多种技能。无论是孩子的实验还是科学家的实验，都能给我们带来不断的震惊和令人稍感意外的对自然的抗争。这是解决柏拉图之问的关键所在。当我们积极地对世界进行实验时，我们就是在真正地、确实地与我们的现实世界互动，而且我们无法预知现实世界将给我们什么样的经验教训。

孩子天生会模仿

最后，在统计分析与主动实验之间，还存在着另一种因果认知技术。对人类而言，它也许还是最重要的一种学习方式。科学家们不仅会通过自己的实验得出结论，更会从他人的实验中获得信息。实际上，许多科学活动，包括阅读期刊、与同事交谈、召开实验室会议等，都有助于我们向他人学习。科学家固有的假设是：他人的干预和自己的干预效果一样，所以，可以从这两种来源获得同样的结论。迄今为止，像《科学》之类的期刊，每一期的文献中都蕴含了成千上万科学家实验的积累。

从他人的行动中学习是人类文化的一种根本机制，这在系统化的科学出现之前就已存在。通过观察他人的做法并从中汲取经验，我们就能超越自己个体生活的狭窄视域。同时，也能够从各代先辈积累下来的经验中获益。

实验干预是探究世界因果结构的有效方式，比单纯的观察有效得多，但这二者之间存在着一种紧张关系。的确，相较于观察而言，我们可以通过实验获得更有说服力的结论，但是，观察却比实验容易。实验意味着要付诸行动，而行动需要耗费精力、资源和决心。然而，如果假定别人的行动与我们类似，那么，付出很少的努力便可以极大地拓展自己的个人经验。这意味着，可以由他人替你完成你的实验。

而且，如果他人已经比你所知更多，那么，从观察他们的实验干预中更能获益。就像科学课上的示范实验一样，"专家们"进行的实验干预将向你昭示事物间的因果关系。

孩子尤其擅长向他人学习。他们已然知道，其他人干预周围世界的方式和自己一样。7个月大的婴儿就已领会到，不同的行为均指向特定的目标。[25]

思维实验室 THE PHILOSOPHICAL BABY

为了验证这一点，阿曼达·伍德沃德（Amanda Woodward）在实验中使用了"习惯化-去习惯化"的技术。他向婴儿展示了桌子上的两个玩具，一只泰迪熊，一个小皮球，如图 3-4 所示。实验者将一只手伸到桌子一边，摸到泰迪熊，抓住泰迪熊。此时，更换两个玩具的位置，将泰迪熊放到原先小皮球的位置，小皮球放到原先泰迪熊的位置。对于接下来发生的事情，婴儿会有何预测呢？这个人的手会伸到桌子的另一边去拿泰迪熊吗？还是会在同一边摸索？7个月大的婴儿似乎预测，这个人会拿到泰迪熊，因为当他们看到这个人相反地摸到小皮球时，凝视的时间更久。更令人讶异的是，如果他们看到的是一根棍子伸到桌子一边触摸玩具，而不是一只手的话，婴儿根本就不会进行预测。可见，7个月大的婴儿知道，妈妈的手就像自己的手一样，试图促成事情发生。

图 3-4 "泰迪熊和小皮球"实验

此外，其他许多实验也证明，婴儿能够将自己的行动与他人的行动相联系。[26] 例如，很小的婴儿也能模仿他人的动作，当看到他人的动作后，他们会再现这个动作。安德鲁·梅尔佐夫（Andrew Meltzoff）是此类模仿实验的专家。在 20 世纪 70 年代，他就指出，几乎从出生的那一刻开始，婴儿就会模仿其他人的姿态和动作。9 个月大的婴儿就能凭借这种模仿来认知因果关系，他们不仅模仿动作，而且能辨认并再现这些动作的结果。[27] 例如，1 岁的孩子走进实验室，看到实验者用头轻敲一个盒子，盒子就发光了。一周后，当这个孩子再次回到实验室，看到上次的盒子就放在桌子上时，他就会立刻用自己的脑袋去碰盒子，让盒子发光。到 18 个月大时，孩子甚至能进行更加复杂的模仿。

以捷尔吉·格尔盖伊（Gyorgy Gergeley）的实验为例。情景一：让孩子看到一名正常的实验者用头触碰盒子，盒子发光；情景二：让孩子看到实验者全身被毯子裹住，双手不能动，他用头触碰盒子，盒子发光。结果发现，孩子如果看到实验者双手自由但仍用头去触碰盒子，在模仿时便也会用自己的头去触碰盒子。但是，如果孩子看到的实验者双手不能动，只能用头触碰盒子，他们在模仿时就会换成用自己的手去触碰盒子。他们似乎明白，实验者因为不能用手，所以才用头去触碰盒子，但如果可以用手，当然就不需要再用头来替代了。[28]

再如，在梅尔佐夫的实验中，孩子看到一名成人正努力拆开由两个部分组成的玩具哑铃，他反复尝试但始终不成功。[29] 那么，当孩子拿到这个玩具后，他们也会立刻自己动手来拆。

> 许多家长都误以为，孩子只会从模仿他人成功的过程中学习，其实不然。孩子也会通过避免他人的失败、理解他人的局限来进行学习。

孩子不仅能够简单地模仿他人，他们还可以辨识人们的目标、行动和结果之间的因果联系。

到4岁时，孩子就能利用从别人那里习得的各种干预行为的相关信息，来进行非常复杂的新因果推理了。以齿轮玩具的实验为例，孩子的确会不断地对玩具进行实验，直到他们获得模式正确的证据，从而弄清楚玩具的工作原理为止。但是，孩子也可以只靠观察别人的做法就能操控玩具，而不必亲自试遍所有的可能性。这表明，孩子不仅能通过自己做实验来解决问题，而且可以通过简单地观察成人用玩具进行正确的实验示范来解决问题。[30]

所以，其他人，尤其是照顾者，可以作为一种隐性的因果关系导师出现，并且早在孩子开始接受正规教育之前就可以出现。成人在示范并鼓励孩子模仿时，也就是在鼓励他们学习因果。而且，成人会示范其独特文化中与众不同的技巧和工具，并指出这些技巧和工具所蕴含的因果关系。

事实上，在人类历史的大部分时期，这类示范都是最重要的教育手段，直到前工业化社会仍然如此。芭芭拉·罗戈夫（Barbara Rogoff）研究了危地马拉的玛雅村庄,[31] 她发现,玛雅孩子在很小的时候就形成了熟练使用复杂的危险工具的技巧。因为当成人使用这些工具时,孩子也始终在场,每个村落的广场都是成人的工作场所,同时也是育儿中心,而且成人也会尽量保证就连很小的婴儿也能观察到成人的行为。

这种示范同样也为改变和革新提供了一种有效的机制。由此,一名聪明或幸运的实验者所获得的一个全新发现能够在整个社群中传播,并能传递给下一代,直到这个发现成为一代人的第二天性,而这代人能够从小就掌握它为止。每一种文化都能以这种方式形成自身独特的专业知识。罗戈夫曾告诉我,玛雅妈妈们进入城市之后,看到罗戈夫的孩子们得心应手地使用浴室里各种复杂的物件,几乎无须思考地操作那些难懂的手柄和水龙头时,都表现得十分惊讶。玛雅妈妈们的这种反应,就像当初罗戈夫看到玛雅孩子们熟练地生火和使用弯刀时感到的震惊一样。

通过观察特定动作和各种实验带来的结果,我们便可以掌握因果关系图。然而,一旦掌握了因果关系图,我们就不仅能复制自己看到的动作,也能考虑各种新的可能性,做出新的计划。例如,孩子通过观察成人操作齿轮玩具,就能了解如何发动或停止玩具;通过观察内行示范如何使用弯刀,我们不仅能模仿着表现相同的动作,也能理解使用弯刀的原理,并能思考弯刀的新用法,以解决新问题。

孩子如何理解心理活动

到此为止,我们一直在讨论孩子如何认识物理世界的因果关系。但是对人类而言,心理世界的因果关系也同等重要,甚至更加重要。此前,我们已经了解到，孩子在认识大量物理因果关系的同时，也掌握了大量的心理因果关系。就连很小的婴儿似乎也已经理解了情感与行动的一些基本事实。而且，在不断成长的过程中，他们也会渐渐理解欲望、感知、信念、个性、情绪和偏见，直至理解我们在紫式部或普鲁斯特的作品中所欣赏到的那种细致入微的心理活动。然而，尽管我们已经阐明了孩子能够理解其他人的心理活动，却尚未解释他们是如何获得这种理解的。

孩子认知物理因果关系和认知心理因果关系的方式大致相同。最初看来，让我们发现吸烟导致肺癌、机关积木发动设备的那种统计学分析，似乎与日常心理学之间并无联系。但事实上，统计学模式也许的确能帮助我们事先判断某个事物是否具有心理活动。

孩子的推理

想一想我们平时与人或事物互动的方式：操作事物是一种机械反应。例如，当我拿起一个球时，球就会跟随我而动；当我把它放下时，球也就不再动了。电灯开关或遥控器的原理也是如此。但是，当面对人的时候，情况就更为复杂、精妙了。例如，有时，对妈妈微笑会换来她的微笑；但有时，对妈妈微笑，她却可能没注意到或者正在忙着其他的事。而如果你向妈妈微笑，她也以微笑回应，那么，你就更有可能继续微笑，换回妈妈更多的微笑，循环往复。

此外，我们偶尔与事物互动也会像与人互动一样具有复杂的反应模式。以我的电脑为例，大部分时候，它都会按我的要求行事，但有时，它确实会表现反常，拒绝我的一切要求，或者更糟地，自己反应一分钟之后马上死机。

在这类情况下，我们也会觉得电脑似乎有了自己的意志，甚至连1岁的孩子也会对这类偶然性模式十分敏感，他们会利用这种模式来区分人和事物。[32]

心理学家苏珊·约翰逊（Susan Johnson）设计了一种明显不属于人类的棕色机器小人，并赋予它偶尔对婴儿的行为做出回应的能力。[33]当婴儿发出声音时，机器小人会啾啾鸣叫；当婴儿做出动作时，机器小人则会发出光亮；等等。此外，还有另一种与此极为相似的机器小人，它也会鸣叫、发光，但这与婴儿的行动没有半点关系。可以说，事件类型是相同的，但是事件之间的统计关系并不相同，只有第一种机器小人的反应是与婴儿的行动相联系的。

之后，两种机器小人都会转动，原本面向婴儿的一边会指向一个物体。结果发现，婴儿会跟随对自己有所反应的机器小人的"视线"移动目光，而不会关注并未与自己互动的机器小人。他们似乎认为，会给自己回应的机器小人能够看见事物。此外，对着能够与自己互动的机器小人，婴儿的咿呀低语和手势动作也会更多。

婴儿同样认为能够有所回应的机器小人会有自己的目的，会想要某些事物。请回忆此前提及的实验，婴儿看到一个人努力想拆玩具哑铃却未成功时，能够理解此人的目的是拆开玩具，他们对普通的机器设备就不会有这种反应。但是，苏珊·约翰逊赋予了机器互动的能力，让它能够以鸣叫或发光的方式做出回应，那么，婴儿对待机器的反应也就和对待那个想要拆开玩具的人一样了。简而言之，对待能互动的物品，不管此物品多么罕见，只要它会回应，婴儿都会将其视作有心理活动的事物来对待，他们会认为机器小人鸣叫、发光和行动的方式体现了它看到的和想做的事情。

同样，我们也可以来做一个心理版的探测机关实验。[34] 我们已知 4 岁的孩子能够利用统计模式对个体的心理活动进行推理。在这次实验中，给孩子展示的不再是积木和因果感知探测器，而是放在篮子里的玩具小兔子。实验人员告诉孩子小兔子害怕一些动物，但不害怕另一些动物，希望孩子指出小兔子害怕哪些动物。之后，实验人员让孩子看到小兔子和其他玩具动物之间各种可能的关系模式。例如，将玩具斑马单独放进篮子里，小兔子立刻怕得发抖；但将玩具小象单独放进篮子里，小兔子就很欢迎它；之后，再把斑马和小象一起放进篮子里，小兔子再度怕得发抖。那么，孩子能不能排除小象的影响，得出"小兔子只害怕斑马"的结论呢？

4 岁的孩子不仅能够分析数据资料并回答"是什么让小兔子害怕"这个问题，他们还能够进行干预，拿走斑马，让小兔子感到安宁。事实上，同情心甚为丰富的学龄前孩子几乎是迫不及待地要这么做，甚至在我们开口要求之前，他们就已经极快地把吓人的动物从篮子里"驱逐"出去了。

此外，孩子也能够由此获得关于个体性格特征的结论。

我和学生伊丽莎白·西弗（Elizabeth Seiver）进行了一次实验，向 4 岁孩子展示人与形势、行动之间各种不同的可能性模式：小洋娃娃安娜和乔希可以选择玩迷你蹦床和小自行车。我们让一组孩子看到，4 次里有 3 次，安娜很高兴地玩蹦床并跳到自行车上；但 4 次里只有 1 次，乔希敢玩蹦床和自行车。而让另一组孩子看到，4 次里有 3 次，安娜和乔希都很开心地玩蹦床，但是 4 次里只有 1 次，她们敢去骑自行车。同样，实验中的事件相同，但统计方式不同。

之后，让孩子解释，为什么安娜和乔希会有这样的表现。第一组孩子称，因为安娜比较勇敢，而乔希很胆小，而且他们还预测安娜在新情况下也会一样勇敢，比如她也会去玩跳水板。而第二组孩子则说，玩具娃娃这样表现，是因为蹦床安全，自行车危险。可见，通过观察游戏行为的模式，孩子就能获得关于他人是什么样的深层结论。

通常，这些推理都是正确的，但是，即便是很小的孩子，也会像成人一样，仅凭一点点依据就总结出关于某人性格的深刻结论。例如，一名同事向你微笑了几次，你就认定他是个好人，这样的结论未免过于轻率，说不定当你发现他的真面目后，会大吃一惊。有时，这甚至会成为生命与死亡的命题。例如，大部分人都会认为，阿布格莱布监狱（Abu Ghraib）的守卫虐待囚犯，他们肯定有根深蒂固的邪恶性格，但是心理学研究已经证明，多数人，甚至所有人在类似的情境下都会有相同的行为。[35]

孩子从他们所看到的模式中学习，但是，他们也会自己进行心理实验，在探究外部世界的同时探究内部世界。例如，艾德·特罗尼克（Ed Tronick）在实验中让9个月大的婴儿看到妈妈突然摆出一副完全静止的姿势，显得冷漠而面无表情。不出所料，婴儿会因此而慌张，甚至开始啼哭。但同时，这些婴儿也会做出大量不寻常的、富有表现力的动作，似乎在试着检验到底出了什么事。[36]

在另一项实验中，实验者没有再让婴儿模仿成人；相反，由成人来模仿婴儿的每一个动作。[37]面对成人这种极其罕见的行为，1岁的孩子自己进行了另一种实验。他们故意做出古怪又夸张的动作，似乎想试试看，实验者是否也会真的模仿这些动作。例如，他们会以一种很奇怪的方式来摆手，验证成人是否也会做同样的动作。成人的模仿和突然冷漠的表情都让婴儿感到十分好奇，在两种情况下，他们都会试图引起成人的回应，由此来弄明白究竟是怎么回事。

也许最有说服力的是，孩子可以通过观察周围人们的互动和干预来了解别人的心理活动。观察周围的人如何互相影响、彼此回应，这是了解心理因果关系尤为有效的信息来源。举例而言，在一个家庭中，令人意外的是，年幼的弟弟妹妹们似乎能比年长的哥哥姐姐们更快地掌握别人的心理活动，虽然他们通常在智商测验或语言能力测验中表现较差。[38] 弟弟妹妹们会形成卓越的情绪情感和社会性智能，而哥哥姐姐们则会表现出更传统的学校所要求的智能。弟弟妹妹们更容易成为"和事佬"或极具魅力的人，而哥哥姐姐们则会成为认真追求成功的人。观察自己的哥哥或姐姐与父母互动，这也许是了解心理活动的一种重要途径。可以说，弟弟妹妹们往往拥有足够丰富的机会，看到这种马基雅维利式的权谋智慧发挥作用。例如，我的二儿子在2岁时，会坐在婴儿高脚椅上，极其着迷地看着他3岁的哥哥，观察哥哥每一次与父母争辩的胜负得失，每一次协商，每一个外交手段和小策略。

语言的作用

在了解他人的心理活动时，语言发挥了特别有力的作用。实际上，孩子的语言能力与其对他人心理活动的理解之间存在着一致而牢固的联系。[39] 毕竟，我们了解他人心理活动的一个主要方式是倾听他们所说的话。我们通过观察事物就能知道其原理，而通过观察人们做什么就能知道他们想要什么。但是，要想知道别人在想什么，还必须听他们说了什么。

也许，耳聋的孩子是体现语言力量的最明显例证。如果父母同样耳聋，那么，聋儿会将手语作为自己的母语来学习，如果恰好处在其他使用手语的人之间，他们在理解他人心理活动方面就没有任何问题。然而，大多数聋儿的父母都是正常人。所以，即便这些家长也会学习手语（如今十分常见），但作为第二语言，他们用起手语来不会太流畅，这就像我们突然决定从现在开始学讲西班牙语一样。结果，父母是正常人的聋儿往往不明白周围的人在说什么。这就意味着，他们错失了周围的人不断发生的许多心理互动，他们也就特别难以理解他人的心理。记得在此前的实验中，不同于3岁的孩子，5岁的孩子通常能够理解信念可以是错误的，他们会说，尼克会认为糖果盒子里有糖果，但其实盒子里装满了铅笔。然而，如果父母是不会使用手语的正常人，那么，他们耳聋的孩子就要到八九岁才能解决这个问题。[40]

更引人注目的是，通过研究耳聋的孩子，我们还能看到在语言真正被创造出来时究竟发生了什么。举例而言，与其他贫穷小国的情况一样，按照传统，尼加拉瓜的聋儿们也是彼此疏离的，他们并没有一种共通的语言，也没有人教他们手语。20世纪70年代，尼加拉瓜首次为聋儿开设了学校，在这所学校中，聋儿们能够碰面、交流。于是，他们居然发明出了一种新的手语来交流。这样，下一届孩子入校之后就可以直接习得这种新的语言，而不必再费劲地试图一起完善某种语言。这就是利用语言进行的一次自然而然的实验了。

珍妮·派尔斯（Jennie Pyers）对这些孩子进行了研究，她发现，不得不发明语言的第一届孩子很难理解其他人的心理活动，这就和那些父母是正常人的聋儿情况一样。[41]

这种现象既发生在实验室内，也常见于他们的日常生活中。他们之中，甚至连成人都无法解决"糖果盒里是铅笔"这个简单的问题。如果让他们描述一段某人心不在焉地从衣帽架上拿下一只泰迪熊（而非帽子）并戴到自己头上的录像，他们根本不会认识到并提及录像中的人也许犯了错误。此外，学校里的其他聋儿也会抱怨，年长的这批孩子是多么不善于保守秘密和操控别人。而第二届孩子因为得以学会一种共通的语言，所以他们就能够理解他人的心理活动。虽然年龄比第一届孩子小，但他们能轻松解决"糖果盒里是铅笔"的问题。而且，他们也能立刻判断出，录像里那个人肯定以为泰迪熊是他的帽子，才会把它戴到头上。

无处不在的心理学

事实上，在心理学的舞台上，前现代的教学方式仍然是最有效的，即便是在当代的生活中也是如此。在小学里，不需要刻意开设心理学课程，因为根本没有必要。每一个心烦意乱或是居高临下的教师，每一个喜欢恃强凌弱的孩子或英勇地反抗霸凌行为的孩子，每一个有魅力的同学或擅长逗人发笑的"班级小丑"，本身就具有极其丰富的心理学指导意义。

也许，一种新的工具、技术或齿轮和杠杆的发明会让人印象深刻，但心理学中的"齿轮"和"杠杆"才是让世界运转的真正关键。掌握物理世界的因果关系，让我们有办法探究宇宙空间或毁灭世界。但是，心理世界的因果关系才是真正让火箭上天或炸弹降临的关键。

我们能够表征世界和心理活动的因果结构，能够想象并创造可能的新世界或新思想，这种能力就是人类演变的有效动力。而同时，我们也能够修订和改变上述表征，能够观察和实验，并从中学习，这种能力让我们有了更加强大的演变动力。

> 单靠精确的因果关系图，我们就已经能够以很多种方式来改变世界了，而创造新的甚至更加精确的因果关系图，无论是关于世界的还是关于我们自身的，都能让我们做出更多改变。

这种认识世界因果结构的能力也许就是一种核心要素，让我们能够成为独特的人类。关于人类智力进化的两种主要理论都强调了因果知识。其中一种学派强调理解物理因果关系的重要性，凭借这种理解，我们得以使用复杂的工具；另一种理论则强调理解心理因果关系的能力，凭借这种理解，我们可以维系复杂的社会关系网，并形成文化。

认识因果关系的能力也许就是上述珍贵而独特的人类能力的基础。当然，在说某些事情只有人类能做时，我们也应当谨慎。有些动物比我们曾经认为的更善于使用工具和理解其他动物的行为。而且，我们也不能自视甚高地认为人类的这些能力就"更高级"，或者"进化得更完全"。人类所存在的时间只有恐龙存在时间的百分之一那么长，而我们使用工具、维系复杂社会关系的能力也许恰恰会导致自身的灭绝。然而即便如此，我们至少比其他动物更善于此类学习，而且也投入了更多的时间和精力来寻求这些能力。更重要的是，我们从很小的时候起就开始这样做了。

再度思考柏拉图之问——"我们如何学习"，有助于理解与孩子有关的许多原本令人困惑的现象。例如，他们专心的、不知疲倦的、实验性的玩耍，以及从未停歇的、对成人的观察与模仿等。我那1岁的儿子为什么对所有东西都那么好奇？2岁的儿子为什么总是不停地来按我电脑上的按键？我3岁的儿子究竟是怎么知道这个的？孩子会有这些行为，是因为他们天生就能迅速而准确地认识周围物理世界和心理世界中的因果结构。

我们已经发现，甚至连很小的孩子也能够深入地参与到认知因果关系的活动中，并且很善于此，这就提出了思考古代哲学问题的一种新方式。柏拉图和其他哲学家们曾问道："我们如何得知关于世界的诸此种种？"科学的答案是：当我们还是小婴儿时，大脑中似乎就已经输入了实验和统计分析方法的程序。很小的孩子就已经会无意识地运用这些技能来改变他们对于世界的因果认知了。这些程序让小婴儿，乃至所有人，得以发现真理。

THE PHILOSOPHICAL BABY

第二部分
孩子如何感知外在与自我

THE PHILOSOPHICAL BABY

如果说成人感知世界的方式是聚光灯，那么孩子感知世界的方式更像是能照亮四周的灯笼。孩子并不会仅仅体验着周围世界的某个地方；相反，他们同时生动地体验着所有事物。宝宝们就像佛陀一样，也是身在斗室、心在四野的旅行者。他们在意识的池塘中自在地戏水，而不是沿着奔涌的意识之流奋勇前进。

04
做小婴儿是什么感觉：
意识与注意

伟大的发展心理学家约翰·弗拉维尔（John Flavell）曾经告诉我，如果可能，他愿意献出一切学位和荣誉，交换一次机会，在小婴儿的大脑里停留5分钟，再次真正地体验2岁孩子所体验的世界。我想，这也许是所有发展心理学家都会有的秘密心愿，无论我们谈起神经可塑性或基本学习机制时显得多么科学。而且，相信这也是所有父母的愿望。做一名小婴儿是什么感觉呢？婴儿如何体验世界？了解人类的意识对我们认识婴幼儿有何帮助？婴幼儿会让我们认识到人类意识的哪些本质？

至少是从科技革命的发生开始，意识就成了哲学中最为棘手的问题。众所周知，我们拥有具体而生动的体验：灰蓝色天空的特殊颜色，成熟草莓的独特口感，鸽子咕咕叫时发出的特殊音调。哲学家们创造了一些技术性的术语来捕捉人类体验中这种独特的性质，例如"主观性"或"可感受性"等。但是，关于这个问题，最佳的哲学表述来自托马斯·内格尔（Thomas Nagel）。[1]内格尔在一篇著名的论文中问道："做一只蝙蝠会是什么感觉？"以此类推，关于意识的问题，实质上就是"做我自己是什么感觉"。

在对大脑有所认识之前，我们可能会将意识视为某种特殊物质的神秘特性，无论是将其称为心智还是灵魂。然而，上百年来关于大脑的科学研究已经让哲学家们相信，我们所体验的一切要么与大脑有关系，要么就是由大脑而导致，或者是在大脑内部工作的基础上产生的。尽管如此，意识如何成为可能，对这个问题的解答却并没有比一百年前进步多少。区区1.5千克重的大脑灰色胶状物的神经电活动，怎么就让我们感知到了天空的湛蓝、鸽子的歌声？

对于大多数问题，包括大多数哲学问题，我们至少都能得到一些提示，获知可能的答案在哪里，只需要判断哪种答案是正确的即可。但是，意识却是一个真正困难的、令人挫败的问题，因为我们根本没有任何线索，不知道答案大概会是什么样子。唯一清楚的就是，仅供参考的各种可能答案几乎都很令人绝望。

通常，在认知科学中，我们在解释心智如何工作时，都会考虑人们做出的行为或展开的计算。例如，为了解释人类可以创造新句子这个现象，我们会说，因为人们知道语法规则，如果语法规则不同，那么创造的句子类型也就不同。但是，意识似乎不能用"因为我们由大脑来做出特定行为或展开某种计算"来解释。这种解释就像是说，我们可能刚好有同类语法规则，所以就会产生恰好相同的句子,但是所体验到的句子却是完全不同的。这样一来,甚至连机器人都可能做出这些行为或展开这类计算,而根本无须任何觉察或辨识。意识似乎也不仅仅是拥有某种神经连接的产物或是特定进化历史的结果。

另一种可能的答案是二元论,即认为意识是由某种独立的灵异物质决定的,只是无法用我们所知道的科学中的其他任何内容来解释,就算是用量子力学来加以阐释也不行。但这种答案也并没有让哲学家停止对其他更多答案的讨论,而我也认为,从内心深处而言,就算是最热心的二元论拥护者,也不会满足于这个答案。

幸好,我们还有两道希望之光,否则前景就将无比凄凉了。第一道希望之光是,我们此前也有过类似的经历。几个世纪以来,关于生命的问题就像现在的意识问题一样,隐隐逼近,宏大又难以解决。例如,生物的所有特殊性怎么可能是由毫无生命的原子和分子集合而成的呢?对此的答案是:问题本身即是错误的,不应该得出对"生命"的单一解释;相反,我们有许多细微的解释,可以阐述分子的特殊构造如何形成了生物的特殊性能。

而由于有另一道希望之光的存在,这个例子就显得关系重大了。虽然我们并不知道宏观的"意识"究竟如何与大脑相联系,却不断地了解到意识的各种特定性质是如何与心理现象和神经现象相联系的。例如,我们确实知道,为什么蓝色看起来像是黄色与绿色混合而得,为什么月亮靠近地平线时看起来要大一些,为什么我们专心致志地工作时,周围的世界仿佛就不存在了,等等。

我们关于意识的大部分认识都是违反直觉的。想一想"盲视"[2]现象。

一些大脑受到损伤的病人会完全失去有意识的视觉体验，他们也会不断发誓说自己视域的某些部分是看不见的。而你如果坚持让他们猜猜看，他们就会抗议："你不明白，我是真的看不见。"可是实际上他们可以弄清楚各种事物分别在哪里，甚至了解它们的形状。他们甚至能准确地拿到自己"看不见"的球。最近，科学家们发现，如果让普通人的视觉皮层暂时停止活动的话，也会出现这种现象。

即便是在日常生活中，视觉也比其表面看来的要更加复杂。在靠近眼球后部的中央位置并不会有任何真正的视觉输入，这里被称为盲点。假如有一束光照射到视网膜的这个位置，你也无法看到任何东西。但是，我们显然不会感受到视觉上的这个空洞，因为我们会"填满"它，这样一来，所得到的似乎仍是一片顺畅而完整的视域。[3] 我们当然知道自己看见了什么，但盲视的人是真的看见球了吗？我们能看到盲点吗？

观察孩子体验世界的方式，也能为我们在理解意识时提供同样违反直觉的观点。正如盲视患者最终也许会给我们提供一些关于意识的提示，因此我们也可以希望，理解孩子的体验最终也会帮助我们理解意识究竟何以存在。

那么，我们怎么才能知道做一名小婴儿是什么感觉呢？婴幼儿并不能开口说出他们的体验，而且没有人能准确地记得自己在婴儿时的景象，我们甚至连自己童年时的记忆也是十分模糊而不可信的。尽管如此，我们至少可以从教育学的角度猜测婴儿的体验是什么样的，还可以利用关于成年经验的心理学和神经科学的基础知识，以及关于成人与儿童的心理与神经差异的更多知识。

作为成人，我们在注意某个事物时，就能够生动地意识到它。当我们注意事物时,大脑会释放某种神经递质,让特定的神经元能够更有效地工作,并且更容易发生改变。

> 婴儿注意事物的方式与成人有着系统性的差异,他们大脑的工作方式也是不同的。这些差异表明,婴儿的意识与成人的意识在系统上也是完全不同的。

据此,我们能够得出一个虽违反直觉,但很吸引人的结论。有的哲学家认为,就算婴儿真的拥有意识,那他们的意识在某种程度上也远不及成人的意识。毕竟,婴儿不能说话,不能明白地分析问题,也不能做复杂的计划,他们没有像成人那样与意识有关的各种能力。哲学家彼得·辛格(Peter Singer)[4]甚至在这种偏见的基础上发表了一通臭名昭著的怪论,声称毫无能力的婴儿并不比非人类的动物更有权利生存。无论你对辛格的声明或者对动物的意识有什么想法,我认为,他这种信誓旦旦的说法大错特错。研究数据恰恰揭示了完全相反的结论。婴儿,至少在某些方面而言,比成人更有意识。

由外界产生的注意

注意与意识似乎紧密相关。例如,当我仔细地注意某物时,我就会开始形象地意识到它。许多心理学家用"聚光灯"的比喻来描述这种注意的效应,当我们注意到某物时,就像射了一束灯光在上面,让它的所有细节都变得更加清晰而生动起来。

有时,我们注意,是因为外界事物抓住了我们的眼球,例如,一辆大卡车突然出现在我们面前。心理学家将此称为由外界产生的注意。但同时,我们也可以自主地将自己的注意或意识从一个物体转移到另一个物体上,这是由内部产生的注意。[5] 例如,我们可以对自己说:"这个转角有点危险,要注意!"于是,当下的交通情况立刻就清楚而生动起来,成为我们注意的焦点。

新事件或意外事件特别容易吸引我们注意。有些事件,例如音量很大的噪声,也许本身就会令人受惊。但是,我们同样也会更敏锐地注意到一些意外的事件。举例来看,假如你住在铁路附近,并且已经习惯了火车经过的声音,那么,当火车没有像往常那样准时经过时,你就会突然惊醒过来,注意到这一点。当我们体验新事物,或者受到惊吓,或者处于活跃状态时,大脑就会产生独特的电活动模式,即脑电波,这与注意是相联系的。[6] 在试图理解新事件时,我们的身体和心智都会发生变化,心率会以一种独特的方式变慢,从而进入意识特别活跃的状态。

我们还可以做一个与"火车没有像往常那样经过"十分相似的实验来验证,即重复播放特定模式的声音,然后在已经习惯这种声音出现的时间点停止播放。尽管什么事都没发生,但我们的大脑还是会像听到令人受惊的新声音一样做出反应。自相矛盾的是,与真正有声音出现的情况相比,我们或许更能意识到"喧闹"的寂静。又如,在一部精彩的悬疑电影中,在那些期待发生点儿什么却什么都没发生的瞬间,通常要比任何爆炸、枪战的场景更加生动。

就像突如其来的寂静会让人觉得似乎无比"喧闹"一样,意料之内的噪声也是另一种寂静。当我们吸收了能够吸收的所有信息之后,再过一会儿,就会开始习惯这种噪声,就像此前描述过的"看听实验"中的婴儿一样变得

"习惯化"。我们会感到枯燥、厌烦，注意和活跃的意识也都会减弱。当我们彻底习惯某件事之后，意识也许就会完全消失了。我们确实会变得不再能听到每天中午火车经过的隆隆声，正如当我们刚搬进新家时，能意识到新房间的每个细节，但几个月后，就对这房间里的摆设视而不见了。

与之相似，在最初掌握某项技能时，例如骑自行车或使用新的计算机程序，我们会极其痛苦地意识到每一个具体步骤。但当我们驾轻就熟之后，就可以无须注意自己正在做什么了。在此，我们获得了关于房间、骑自行车，以及使用计算机程序的大量信息，并且很好地掌握了这些内容，所以，就不再需要额外的注意了。我们也不再需要关于这一事件或这项技能的更多信息，也不需要再了解什么新内容，只要去做即可。成年后，我们会觉得在以这种方式自动操作的过程中，即成为一个良好运转、行走、交谈、教学、开会而不加意识的"僵尸"时，几个小时甚至几天的时间似乎转瞬即逝。

由内部产生的注意

对于成人而言，注意也可以是内源性的，我们可以自如地将注意指向某个特定的物体，就像用聚光灯照明一样。在这种情况下，我们的注意力集中在某一事物上，对其他事物的关注就会大大减少，甚至连突然出现的、新的、意料之外的事物都有可能忽略。例如，我走在街上，潜心思考某个问题，走着走着，我可能会很狼狈地撞到路灯柱子上，而灯柱本来是非常容易看到并躲开的。就像我的孩子们通常会说的："这就是一个心不在焉的教授。"

有许多令人惊讶的实验结果都证明了这种效应的存在。一些心理学家将此称为"非注意盲视"（inattentional blindness）。[7]

丹尼尔·西蒙斯①设计了一个引人关注的实验，其中，被试会看到一段影片，影片中有几个人在抛接球。实验的指导语是：数一数这些人抛、接了几次球。影片中玩球的人会四处跑动，所以要想数清楚他们抛球的次数需要花费一些努力，这就像在很老的骗人打赌游戏中试图注视豌豆移动的路线一样。之后，实验者会问被试："你是否注意到，有什么异常的事情发生了吗？""没有。"被试会这样回答。此时，实验者会再次播放影片，这次，被试不再需要盯着球不放了。于是，他们就会看到，影片中，有人穿着大猩猩的装扮，缓慢地从画面中间穿过！因为注意力集中在球上了，所以，被试可能"看到"了大猩猩出现，却没有真正"看见"。

在这类效应中潜藏着一些神经科学原理。当我们集中注意时，大脑中会释放一种被称为胆碱类神经递质（cholinergic transmitter）的特殊化学物质，[8]它会影响神经元的工作效果，让神经元更好地处理信息。香烟中的尼古丁就是模仿这种神经递质的作用，让你表面上变得更集中注意，就像鸦片可以模仿能止痛的神经递质发挥作用一样。然而，当我们集中注意时，大脑会有选择地将这种神经递质释放给特定的部位，这些部位专门处理与我们所注意的事件有关的信息。同时，大脑也会释放抑制性神经递质，激活负责抑制功能的神经元，在大脑的其他部位造成相反的效果。咖啡同样能使我们清醒，但它生效的原理是抑制这些具有抑制功能的神经元。可以说，咖啡开放了我们

---

① 心理学史上著名的"大猩猩实验"揭示了包括自信错觉在内的生活中常见的六大错觉。实验设计者克里斯托弗·查布里斯（Christopher Chabris）和丹尼尔·西蒙斯（Daniel Simons）合著的《看不见的大猩猩》对该实验做了详细解读，本书中文简体字版已由湛庐引进，北京联合出版公司出版。——编者注

的注意，而香烟则是将注意限制在特定的目标上。毫无疑问，咖啡和香烟都是新闻工作者的偏爱，因为这类人必须吸收一个突发事件的全部信息，再在截稿之前将其总结成250字的新闻。大脑真正如何工作取决于抑制效应和兴奋效应之间的平衡。所以很显然，集中注意激活了大脑的某些部位，而关闭了其他部位的功能。

集中注意不仅会让大脑的某些部位更好地发挥作用，还可以让这些部位变得更具可塑性，也就是说，让这些部位变得比其他部位更容易发生改变。迈克尔·默策尼希（Michael Merzenich）[9]和同事们对猴子做的研究证实了这一看法。这些神经科学家可以真实地记录猴子脑细胞的活动，他们发现，不同的神经元会对不同类型的事件有所反应。例如，一些神经元会对特定的声音产生反应，而另一些神经元则会对触摸产生反应。

实验者让猴子注意某一类特定事件。例如，让一只猴子听到一串声音，再感受到一些触摸。如果猴子在听到特定声音时移动自己的手，就给它一些果汁，但对触摸做出反应就没有奖励。结果发现，猴子会更加集中注意去听声音，这就像你在一个拥挤、吵闹的房间里，集中注意去偷听一段也许对你有益的对话，而忽略其他无关对话一样。

而在测查猴子的大脑时，实验者发现，上述经验让猴子脑中与声音有关的神经细胞被重塑了，它们的反应方式发生了变化，但是，与触摸有关的神经细胞则保持原样。事实上，在进行训练之后，猴子的大脑中有更多的神经细胞会对声音做出反应，但对触摸做出反应的神经细胞数量却没有变化。[10]此外，实验者也进行了反向的实验操作，猴子对触摸做出反应就会得到奖励，所得到的相反结果也一样。看起来，这些变化至少部分受到了胆碱类神经递质的调节作用。如果给猴子注入一种能阻碍这种神经递质传递的化学物质，那么，上述变化就不太可能发生了。

这种神经细胞的可塑性效应同样符合我们的直觉知识：当我们仔细注意某个事物时，学到的东西就比我们不注意时学到的更多。而当我们学习时，在新信息的帮助下，我们能够明显地改变自己的心智与大脑。

自觉的内源性注意，像是告诉自己要注意交通情况，是一种劝服我们的大脑进行学习的策略。借此，我们可以把某个事物当作全新的或意外出现的来对待，哪怕事实并非如此。作为一名成年人，我可以简单地判断出自己需要再获取更多信息，才能完成更大的目标，就像实验中的猴子只要注意声音就会得到果汁奖励一样。例如，我可以强迫自己阅读关于注意的神经心理学论文，尽管它们通常是枯燥又乏味的，但是我认为论文中的信息能够帮助我在写作本书时阐述得更加准确。考虑到这个目标，对我而言，集中注意阅读论文，就像获取那些天然就引人注目的意外事件的相关信息一样重要，例如希区柯克电影中的第一幕场景。又如，我也可以强迫自己注意极其常见的交通情况，因为我模糊地知道可能会有危险发生。

所以，虽然我们并未获得对"意识"的宏观解释，但我们确实了解某种特定的、活跃的、焦点局限的意识如何与心智和大脑发生联系。当我们产生这种意识时，心智就会吸收关于世界某些部分的信息，并且排除干扰信息。我们也可以利用注意到的信息来学习新事物。此外，我们的大脑还会有特定的反应，恰如其分地释放胆碱类神经递质和抑制性神经递质。相应地，这些神经递质能让大脑的相应部位更好地发挥作用，同时，也使这些部位更容易被重塑。

除此之外，我们还了解与特定的"无意识"有关的知识。有许多心理过程和大脑作用过程都根本不会被我们意识到，但在有些情况下，我们自己确实会让一些原本可能意识得到的事情变得容易被忽略。例如，在我们已经很好地理解了某些事情或频繁地操作过某些活动之后，再做这些事情就是"无意识的、自动化的"了，付诸于此的注意远少于最初接触时。相似地，当我们集中注意于某事上时，也就不太能意识到其他并未注意的事情。这种无意识似乎也与大脑的抑制过程有关。

孩子的注意不同于成人

这一切又和孩子有什么关系呢？我们不清楚婴儿的意识体验究竟是什么样的，但是，我们确实了解他们的注意能力[11]和他们的大脑，至少了解猴子幼崽、老鼠幼崽的大脑。孩子与成人既相似又不同，这是非常显著而具有启发意义的。

在过去的岁月里，心理学家们认为，婴儿只会用一种完全无意识的、反射性的方式来注意周围事物，他们甚至根本不会运用更高级的大脑中枢。我认为，这种看法部分属于一种认为婴儿大脑有缺陷的传说，等同于认为刚出生的婴儿是会哭叫的胡萝卜，仅仅是有一些反射性动作的蔬菜。

事实上，当婴儿注意到某事或某物时，他们似乎就会吸收与之有关的信息，并像成人一样产生意识，甚至在看到极其细微的意外事件时，婴儿也会产生和成人相同的脑电波。他们会稳定而持久地关注这件事，他们的眼睛会扫视事件中的重要特征，此时，他们的心率也会像成人一样下降。

种种迹象表明，婴儿也像成人一样，积极而活跃地意识到了发生的事情。如果事情特别有趣，那么，婴儿注意的时间也会超乎意料地持久。但过了一会儿之后，就像成人一样，婴儿也会渐渐感到厌烦，并将视线转移开。

这种现象就是本书此前描述的"习惯化-去习惯化"技术的核心所在。即呈现哪怕是最细微的意外事件，也能立即抓住婴儿的注意力，他们注视意外事件的时间确实会比注视意料之中事件的时间更久。婴儿似乎对意外事件有着无限贪婪的胃口。对心理学家而言，这是非常幸运的，因为这样一来，我们就能凭借婴儿对新鲜事物的关注来判断他们如何组织整个世界。但另一方面，婴儿的这种特点对其自身而言也同样重要。而且很显然，年纪越小，在内部世界和外部世界所体验到的新奇感和意外之感也就越多。可以说，周围的事物和内心的感受在刚开始时都会让人感到意外。

对注意的心理学解释

然而，孩子的注意与成人的注意始终还是有差别的。可以看到，成人能够借助外部事件或者经由内部决定来自主控制注意，也就是说，成人的注意既可以是外源性的，也可以是内源性的。但孩子的注意则更多地体现为外源性，而非内源性。偶尔，孩子也能够控制自己的注意，但是这种控制更常见于发展成熟之后，而不是成长之初。孩子的注意更容易被外部事件吸引，而不太受内部计划和目标的指导。例如，在此前所说的实验中，孩子很可能就忘了要数抛接球的次数，而绝对不会忽略大猩猩的出场。在整个学龄前阶段，内部注意似乎始终处于缓慢的发展之中。

这在日常生活中十分常见，假如你想让一个 2 岁的孩子放弃一个玩具，那么，直接给他一个新玩具，吸引他的注意就比试图说服他，甚至收买他，让他自愿放弃旧玩具要有效得多。实际上，孩子的注意有时还会被他们其实并不喜欢的新奇事件吸引，例如不同寻常的光亮、很大的噪声等。面对这些情况，他们会大哭、吵闹，但似乎就是不能移开视线，这就像成人看恐怖电影一样。

有趣的是，随着婴儿慢慢长大，"习惯化－去习惯化"技术确实会渐渐失效。对年纪较大的孩子来说，注意会渐渐受到内部的规划所控制，而不太受他们对外部事件的天生兴趣所控制。所以，再想将注意当作可靠的指标来测试他们所看到的东西，就变得越来越难了。当然，长到成年以后，如果他们决定要专心注意抛接球的次数，那么，即便是最不可思议的猩猩出现了，也不会让他们分心。

此外，孩子的注意与成人的注意之间的差异还和大脑的抑制功能有关。孩子似乎无法像成人一样抑制干扰，他们的注意力集中程度较低。即便是视线的边缘扫视到某个事件，也能轻易地让他们从原先关注的事物上转移开注意。这种情况可谓利弊参半。婴幼儿不像年长的孩子或成人那样善于集中注意力在一件事情上，但是，他们很善于捕捉偶然出现的信息。

假如让孩子完成一项记忆任务[12]：让他们看完一系列卡片，每次展示两张，并要求他们记住左手边的卡片是什么，但不要记住右手边的卡片，即意味着只注意左边的卡片，之后，测验孩子对每次展示的两张卡片的记忆情况。年纪较大的孩子很善于记住左边的卡片，却记不住右边的卡片，他们就像成人一样抑制了无须注意的信息，同时也比年幼的孩子更能记住需要注意的信息。但是，对于年幼的孩子而言，记忆两张卡片中的任何一张似乎没什么分别。事实上，他们比年长的孩子更容易记住无须注意的信息。

在和孩子玩扑克牌配对记忆的游戏时，我们也能看到这种现象。玩这种游戏时，需要把多张扑克牌背面朝上地散放在桌子上，每一轮，一名游戏者可以从总的牌堆里摸起一张牌，再翻开桌面上的另一张牌，如果两张牌一样，那这名游戏者就可以保留这两张牌。玩这个游戏的诀窍在于，即使还没有轮到你，即使翻开的牌似乎和你手里的牌没有直接关系，你也要注意桌面上哪张牌在哪个位置。令人惊讶的是，年幼的孩子非常善于玩这个游戏，有时比成人还在行。此外，相信大家也都有过这种惊人的体验：听到一个孩子突然说出了成人对话中的词语或观点，虽然在成人交谈时，这孩子似乎压根儿没有注意听。

孩子似乎是在让世界来决定他们会看到什么，而不是自己决定要从周围世界中看到什么。而且他们似乎能同时注意到世界的诸多表象，而不会刻意决定在何处集中注意，何处抑制干扰。

他们不仅获取了对自己有用的、特定事物的相关信息，更吸收了周围所有事物的信息，尤其是新信息。而且很显然，对于孩子来说，绝大多数信息都是全新的。

正是这种十分宽泛的注意让孩子成为非凡的学习者。在第 3 章中，我们已经看到，孩子可以并且确实会借助哪怕是最细微的新统计模式来学习事物的因果关系图。这意味着孩子能不断地吸收他们在周围世界看到的任何一件有趣事物的相关信息，无论这信息的价值是否重要，是否明显。因此，孩子就能比成人更容易、更快速地建构新的示意图，改造旧的示意图。

对注意的脑神经学解释

神经科学研究的结论似乎也反映了这一点：孩子的大脑中有大量胆碱类神经递质，但抑制性神经递质却要等很久之后才会开始发展。有趣的是，婴儿需要浓度相对较高的麻醉物质才能促进抑制性神经递质的活动，大概因为麻醉物质会直接作用于这些神经递质。[13] 所以，我们可以这样来给意识下一个定义：意识就是麻醉物质要除去的东西。由此可推知，孩子拥有的这种神秘能力，即意识，要远多于成人。此外，从整体上看，孩子的大脑同样也比成人的大脑更具有可塑性，更容易改变。例如，孩子的大脑受到损伤后，会比成人恢复得更快、更彻底，他们大脑的其他部位会弥补受损部位的功能。而成人大脑的可塑性就要低得多，正如"教给老狗新把戏"的谚语所说：老化的大脑学不会新技巧。

当迈克尔·默策尼希再用猴子幼崽来重复此前曾用成年猴子所做的那个有关注意的实验时，得到的结果却完全不同。小猴子的大脑并不能像成年猴的大脑那样区分声音和触摸信号，正如人类婴儿无法像成人一样只注意一件事情。但同时，也可以做一个更加复杂的实验：简单地为动物提供大量刺激，但不要求它们专门注意其中的某个方面。例如，可以让动物沐浴在具有某种系统模式的声音之中。默策尼希和同事们就进行了这项实验，并发现动物幼崽的神经细胞也发生了改变。[14] 就算没有奖励物质,它们也会对声音刺激做出各不相同的回应。但成年动物的神经细胞就没有展现出这种整体的可塑性。

此外,大脑的不同部位负责不同类型的注意。例如,位于大脑中央的顶叶皮层似乎掌管了注意周围世界中的新事件或意外事件的能力;位于大脑后部的枕叶皮层则似乎与维持视觉注意有关。可以说,顶叶皮层警示我们有新情况发生,而枕叶皮层则让我们观察、理解新情况。在婴儿时期,大脑的这些部位就已经十分活跃了。[15]

而通常所谓的抑制功能区,即大脑前额叶的部分区域,则更多地与源自内部的注意和抑制干扰的能力有关。同样,从孩子很小的时候起,大脑的这个部位可能就已经开始活跃了。但是,随着他们逐渐长大,前额叶区域与大脑其他部位的联结也越来越牢固,甚至到了青春期,这些联结仍在不断形成。这种联结会促使抑制干扰的能力不断增强,让我们可以控制自己的注意。

拉斐尔·马拉克(Rafael Malach)及其同事开展了一系列吸引人的实验,形象而生动地揭示了上述各类注意和大脑各部位之间的差异。[16] 他们采用功能性磁共振成像(fMRI)来测查被试,这种仪器能够检测出人们在解决问题或完成任务时,有多少血液分别流向了大脑的哪些部位,相应地记录下某项任务如何激活人脑的不同区域。使用这种仪器就能够做出我们通常在《科学美国人》(Scientific American)中看到的那种带有发亮部位的脑结构图。通常情况下,可怜的被试们进入该仪器后就会被要求完成一项十分沉闷的任务,诸如看到红色 x 出现时就按下按钮之类的,要么就被要求躺在仪器里什么也不做。在这两种情况下,他们大脑的前额叶皮层都是活跃的,当实验者向被试展示一项有目的、有计划的实验时，则会更加活跃，但即使被试只是躺在仪器里面做白日梦，大脑中活跃的区域也会不断地快速移动。

然而，在马拉克的实验中，被试们就幸运得多，他们可以观看由克林特·伊斯特伍德（Clint Eastwood）主演的精彩电影《黄金三镖客》(*The Good, the Bad and the Ugly*)。神奇的是，随着电影剧情的发展，每个人的大脑呈现出的活动模式几乎都是一样的，导演瑟吉欧·莱昂内（Sergio Leone）当真洞察人心！更令人惊讶的是，大脑的前额叶皮层，这个负责计划、思考、监督自己的部位，在人们观影过程中确实受到了抑制。而大脑的枕叶皮层，小婴儿脑中最活跃的部位，反而兴奋了起来。被试们明显有意识，但没有自我意识。他们并未规划、思考、判断或评价这部电影，而只是很简单地陷入了剧情之中。对于婴儿来说，观察一个会动的米老鼠玩具的感觉可能就像是完全地、幸福地、忘我地沉迷在一部电影中。

心理学家往往假定，大脑这些部位的成熟导致了孩子注意的变化。大脑的成熟也许就像孩子慢慢长高的过程，孩子并不需要学习如何长高，而是自然而然地就长高了。同样，某些遗传程序的演变也会导致大脑的变化，随之而来的就是孩子心智的变化。但是，我们也可以得出相反的结论：随着不断学习新事物，逐渐熟悉并习惯越来越多的经验和技能，相应地，孩子大脑的结构也就发生了变化。

注意的成熟

事实上，有两种互补的大脑发展过程都取决于经验的累积。人脑的各个神经细胞之间会不断建立起越来越多的联系[17]，同时，使用较少的神经连接会被剪除，只有最有效的神经连接才会保留下来。二者同时发生在大脑整个发展过程之中，并且都由外部事件塑造而成。但是，二者之间的平衡会发生变化：幼年时，建立的连接更多，而长大后，剪除的连接更多。二者也许反映出了互补的心理进程，甚至能反映出经验的质量。幼时，我们会对更多的可能性十分敏感，而长大后，则重点关注对自己最重要、最有价值的可能性。

因此可以说，对注意的心理学解释和脑神经学解释是互相佐证的。而且，从孩子与成人的进化分工角度来看，这类对注意的解释也很有意义。如果希望更有效地改造世界，那么，将注意局限在某些事物上会很有效。我们会希望只了解周围世界中仅与自己的目标和计划有关的内容，就像实验中的猴子，只关注能让它们获得果汁奖励的声音信息。成人能够预先判断哪些信息对自己有用，哪些信息只是干扰，大脑会强化前者、抑制后者。相应地，为了更有效地行动，我们也会希望自己大脑的绝大部分区域都十分稳定、健康、难以改变，只改变希望改变的那一小部分，如果不会带来损害，就让绝大部分区域保持原样。

而孩子的进化需要则是学得越多越好，越快越好。他们的任务只是建构起周围世界的准确图示。他们会学习、推理、形成因果关系图并总结出反事实的结论；他们不需要担忧这些学习是否与特定计划或目标有关，爸妈自会替他们操心这些问题。所以，孩子会注意一切事物，尤其是新的、有趣的、信息量丰富的事物，而不仅仅只注意马上就可以用的或与自己直接相关的信息。例如，实验中，大猩猩的出现就比漫长的抛接球活动提供了更多的信息，同样，观看克林特·伊斯特伍德的电影也会比"当出现红色 x 时按下按钮"的活动提供更多的信息。

小婴儿的意识是什么样的

我们无法通过直接询问来了解小婴儿的意识是什么样的,却可以尝试研究能够体现在典型的外显意识中的内源性意识,从而了解小婴儿的意识。同样,这种间接的方式也适用于幼儿。此外,也可以询问幼儿有何体验。直到20世纪90年代,人们似乎才认识到这种看似盲目的明显观点。约翰·弗拉维尔是少数几名能够进入美国国家科学院(United States National Academy of Sciences)的发展心理学家之一,也是有史以来最伟大的发展心理学家之一。而他自己可能会率先说,荣誉应当归于"弗拉维尔夫妇",因为他的妻子埃莉·弗拉维尔(Ellie Flavells)也在研究工作中投注了大量心血。1993年,在我曾参与的一次会议上,约翰·弗拉维尔安静地起身说:"埃莉和我曾有一个疑问,孩子对'意识'会有什么看法呢?所以,我们就去了幼儿园,直接询问孩子们。"通常,要发现上述这种看似盲目的明显观点是需要耗费精力的。约翰·弗拉维尔接着描述了研究中一些令人惊讶而又极具哲学吸引力的结论,[18] 他们发现,关于意识,我们以为是不证自明的一切内容,对于学龄前孩子而言却并非如此。

学龄前孩子对"注意"的看法与成人完全不同。他们似乎无法理解注意的焦点为何。例如,让孩子们看到埃莉正注视着一幅有趣的图片,画面里有几个孩子,图片放在一个很简单的相框里。埃莉指着画面中的孩子,一一描述他们分别是什么样的。之后询问孩子们:埃莉心里是否正在想着画面里的孩子,答案是肯定的。但是如果接着询问他们:埃莉心里是否也正想着画框,孩子们仍回答"是的,她也想着画框"。孩子们认为埃莉当然没有同时想着所有事情,"她没有想隔壁房间里的椅子",但孩子们觉得埃莉会同时关注自己所看到的一切事物,可以说,幼儿园里的孩子并没有理解注意中的盲视现象。当然,这有可能只是因为孩子对"意识"仍感到很困惑,但也有可能是因为他们自身的意识与埃莉的意识完全不同，也许儿童"意识"的方式就是没有焦点的。所以，即便我们直接向孩子询问他们的意识体验，也能找到线索证明他们的意识与成人的完全不同。

上述种种，对于我们了解做小婴儿的感受会有什么帮助呢？小婴儿的确比成人意识到的东西更多，意识也更强烈，这似乎是可信的。成人那如同聚光灯一般集中的注意，到了小婴儿那里却更像能照亮四周的灯笼，如图4-1所示。小婴儿并不会仅仅体验着周围世界的某个方面而忽略其他的一切；相反，他们似乎是同时生动地体验着所有事物。小婴儿的大脑似乎完全浸泡在胆碱类神经递质之中，只有很少的一点抑制性神经递质来缓和其效应。而且，他们的大脑和心智都极具可塑性，向各种新的可能性完全敞开。

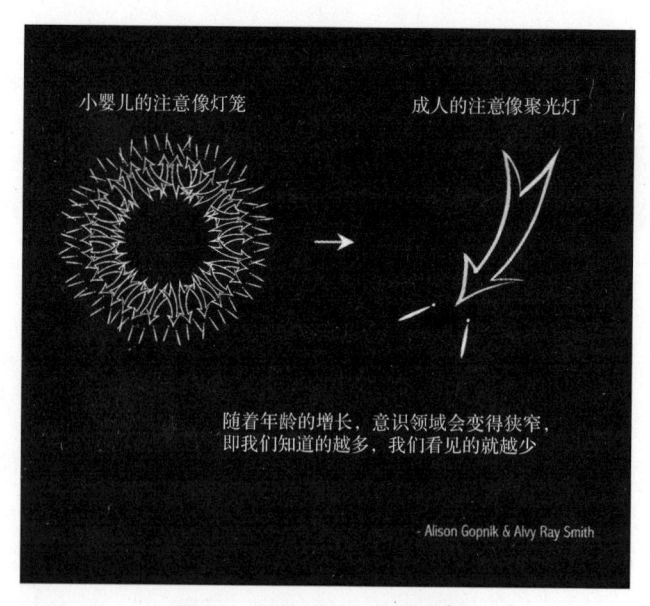

图 4-1　小婴儿与成人的意识区别

而且，与成人相比，小婴儿似乎也更不受特定的无意识的控制。他们的经验中很少有相似的、熟练的或自动完成的，所以，习惯性的无意识行为也相应会更少。正是由于小婴儿不太能够抑制干扰，因此他们接触到的意识领域也就更广。也就是说，小婴儿比成人更有意识。

对于成人而言，活跃的意识往往伴随着注意，而注意则与大脑的可塑性相连，注意也确实让成人能够改变自己的心智和大脑。但如果进行反向推理，大脑具有可塑性则意味着注意敏锐，而敏锐的注意意味着活跃的意识，又已知小婴儿的大脑具有很强的可塑性，由此可得小婴儿比成人更有意识。

然而，这种推测仍是拐弯抹角的，不够直接。我们当然可以说，小婴儿很少有习惯成自然的行为，他们的注意不够集中，他们的大脑可塑性很强，此外，世界上的大部分事物对他们来说都是新鲜的，他们所能学到的也很多。但是，做这样的小婴儿究竟会有什么样的感受呢？要解答这个问题，我们可以看看成人在做小婴儿所做的事情时会有什么感受。当我们把自己的大脑和心智放到近似于小婴儿的位置上，意识会是什么样的？我们是会失去意识，还是获得更多意识？

旅行与冥想

我们可以想想成人的旅行，尤其是当美国人到印度或中国等异国他乡旅行时的体验。身处陌生之地的成人在很多方面都像极了小婴儿。在这种场景下，大量信息一拥而入，而旅行者并未处在平时的最佳位置上，无法"自上而下"地提前判断其中有哪些信息可能与自己有关。于是，成人也就像小婴儿一样，注意更可能被外部的事物所吸引，而不受自己的目标和判断所决定。

如果旅行者只是为了享受旅行过程而旅行，不是为了其他特殊的目的，如开会、商业交易等，这一点就更为明显。实际上，矛盾的是，旅行是一种成人的活动，但在绝大多数情况下，它的目的就是不要有目的。最理想的旅行并不是一定要看到泰姬陵或长城，而是尝试着充分吸收一种陌生文化的本质。旅行者们通常都认为旅途中的偶然和意外才是最精彩、最生动的部分，一个好的旅行者通常会开放地对待各种可能性。

这种类型的旅行者就像小婴儿一样，努力地发现世界的新面貌，而不确定自己将会发现什么。在旅途中，我们会重新关注自己在本国时已习惯得近乎麻木的小细节，比如当你看到日本人极具审美意味的日常生活方式，或法国人在咖啡馆中了解彼此的方式，甚至是感受到一种陌生语言微妙的抑扬顿挫，等等。相应地，这也会引导我们重新塑造关于自己国家和文化的因果关系图，以及自己的愿望和行动，由此，这种新知识也会让我们想象新的生活方式，把日本式的泡澡或意大利式的热情或法国式的智慧带入自己的生活中。常言道，旅行能够开阔视野，的确如此。旅行时，我们会重返好奇心旺盛的童年，从而对自己和他人有新的认识。

在旅途中，至少是在以上述方式旅行时，我们的注意和意识都会不断得到充实，而不是被关闭起来。生活似乎变得如此生动，有时甚至痛苦也会变得更加鲜明。实际上，旅行的短短几日似乎汇聚了大量经验，意识满溢而流。在北京或巴黎紧张的几日行程留给我们的记忆，要比在家过着常规而无意识的日常生活时几周的记忆更多。同时，在外旅行时，计划和行动似乎都变得很困难，如此众多的新信息分散了我们的注意，所以，诸如购买食物或找到邮局等日常活动都变得需要花费极大的努力和精力，于是，我们就很有可能出现一连串丢三落四的情况，像是忘了带走夹克衫，或是充电器放错了地方，等等。

除了以旅行为例，我们还可以考虑某种特殊的冥想活动。冥想练习是以新的方式来操控自己的注意。其中一种冥想方式是集中并保持活跃的注意来关注单一的某物，而另一种冥想方式则是尽可能地分散注意。特殊的"开放意识"冥想练习要求人们不能聚焦于任何一件特定的事物，而这也就是战胜"非注意盲视"、避免抑制注意的诀窍。

冥想练习开始于提高自己全部的注意水平，并且觉醒起来。此时需要保持直立或无支撑的姿势，不能躺或坐在椅子上，因为舒适的姿势会让人昏昏欲睡。众所周知，冥想大师们都会服用大量的咖啡因。事实上，最早开始种植茶叶的是中国和尚，他们发现，借助茶来改变一点点神经递质的水平，对于保持注意很有帮助。如今，每个禅院里仍有大量的人喝茶，而且明显有许多现代日本和尚在饮用浓得可怕的咖啡。

此外，面向白色墙壁而坐也能使自己的意识失去可聚焦的对象。这样一来，意识通常就会转向内在。成人对内在体验和外部世界都很关注，但冥想者们也需要努力避免这种转向的发生。他们有意识地试图避免计划或思考，为此，他们默数自己的呼吸数，从而中断内心深处流淌的那种极具吸引力的自言自语。通常，在默数呼吸数的同时很难再进行逻辑辩论或做计划。

由此而来的体验，至少在某一瞬间，将会是非常惊人的。突然之间，对外在的具体事物和内在计划的注意统统消失了，对周围一切事物的意识立即变得生动而形象。地面的质感、光影投在墙上的微妙时刻、鸟儿歌唱和汽车呼啸而过的声音，甚至你正在发痛的膝盖，似乎都同时被照亮了，重要或琐碎、内部或外在的区别也渐渐模糊起来。

旅行与冥想以截然相反的方式带来了相同的体验。旅行让人暴露在全新的、意外的外部信息之中，以至忽略了寻常的注意选择和抑制过程，周围的一切都比寻常所注意的事物更加新颖有趣。而在冥想中，寻常的注意进程中断了，没有什么可注意的事物，反而是有意识地试图避免集中注意，避免抑制，避免计划。二者的结果是相似的，正如大量新信息会让人忽略抑制的过程，中断抑制的过程会让日常信息也变得异常新鲜。

灯笼般照亮四周的意识

旅行和冥想引起了哲学家所称的相同现象学，即相同类型的主观体验。实际上，冥想最令人愉快的一点就是，你无须离开房间就能够游览北京。这就像孩子那灯笼般照亮四周的意识对立于常见的像聚光灯一样的成人意识。你会生动地意识到周围的一切，而不会特别注意某一事物，而这种体验也会给你带来一种独特的欣喜和愉悦。

像灯笼一样的意识生动而全面地照亮了日常生活的诸多细节，通常也是某些宗教体验和审美体验的一部分。像灯笼一样的意识似乎也存在于其他活动中，如坠入爱河、打猎或者是热衷于某事。但是，也有其他一些宗教或审美体验，其他类型的欣喜和狂热，它们各有不同的特性。

例如，心理学家将成人能够体验到的一种极致的狂喜感称为"心流"（flow）[19]，而我认为，上述像灯笼一样发出延展性光亮的意识几乎就是"心流"的反面。"心流"是当注意完全集中在某一物体或某事上时，达到了忘我的境界。这种体验来源于完美而有效地执行自己的计划，如舞蹈、投篮或完美地写作。在心流体验中，我们会感受到一种独特而愉悦的无意识。专心致志地投入某项任务中时，我们就会失去对外部世界的视觉感知，甚至意识不到自己必须采取的特定行为。计划似乎在自动运行、生效。此外，灯笼般的意识似乎不同于持续、集中地关注某一事物所带来的宗教体验，也不同于周围事物同时消失的那种神奇的感受。

灯笼般照亮四周的意识所带来的是一种十分独特的愉悦，近似于我们意识不到自己时的感受，而这种忘我是由成为世界的一部分而实现的。作家弗吉尼亚·伍尔夫（Virginia Woolf）、艾米莉·狄金森（Emily Dickinson）和画家亨利·卡蒂埃-布列松（Henri Cartier-Bresson）等人都从这种灯笼般的意识感受中获得了灵感。那就是威廉·布莱克（William Blake）所谓的"沙中一世界"，也是威廉·华兹华斯（William Wordsworth）笔下华彩流溢的草木。

从历史上来看，这种现象通常都与童年紧密相连。禅修大师铃木俊隆（Shunryu Suzuki）将此称为"初学者心态"[20]，即未受专业知识"污染"的纯净心灵。浪漫派诗人华兹华斯正是从这种经验中获得启发而创作出独特作品的，他明确地指出，这种经验常见于童年。他们都认为，童年非常有价值，因为孩子们正是像这样充满无限好奇地体验着世界。发展心理学和神经科学都认为，这种直觉的判断也是准确的。

> **感受灯笼般的意识就像体验做小婴儿一样。小婴儿们就像佛陀一样，也是身在斗室、心在四野的旅行者。他们会深深沉浸在墙壁、阴影、声音所带来的难以抑制的欢愉与兴奋之中。**

心理学家中最著名的作家威廉·詹姆斯（William James）描绘过一幅尤为惊人的图景，也许有助于激发这种体验。但他并未将此应用于婴儿，而是用来解释才华横溢却注意不够集中的成人。他认为，对有些人来说，意识领域就像一束穿透周围黑暗的狭长而专注的光束；但对其他人，我是说，对婴儿来说，则"可以假定，边缘位置反而更加明亮，并且有待填入像流星雨一样缤纷的图像[21]，这将随即而至，取代集中的注意"。

但并非所有强化的或神奇的经历都只是童年特有的，其中有许多感受，如"专注"，就只会出现在成年后。很显然，婴幼儿不可能有这种感受。事实上，也可能是因为他们比成人更经常有此感受，所以，小婴儿会将自己的大部分时间用来睡觉或者哭闹。只要想想我们自己在旅行时有多么疲惫，就可以理解小婴儿了。旅行者就像小婴儿一样，很有可能在凌晨3点不安地在哭泣中醒来。

当然，对于成人而言，放弃控制和规矩，正是高度控制和规训以及成人化的训练所带来的结果。有经验的冥想大师可以决定不做决定，选择不做选择，计划放弃计划。而旅行者则需要事先存钱、预算花销、组织计划才能到达印度或中国。婴幼儿也正处于这种状态中，无论他们自愿与否。

发展心理学和神经科学告诉了我们做小婴儿会有什么感受，旅行、冥想和浪漫派诗歌甚至能让我们以主人公的视角来体验婴儿的感受。此外，小婴儿自己也可以告诉我们关于意识的内容。就像此前的盲视患者让我们了解到行为与意识有可能分裂，婴儿则告诉我们，不同类型的心理能力也有可能分裂，而且可能会带来不同的意识。例如，与学习有关的意识就不同于与计划有关的意识。几乎所有关于成人意识的实验研究都涉及注意集中问题和狭隘定义的特殊任务，但小婴儿向我们揭示，这种成人实验所涉及的只是意识的极小部分内容。

事实上，哲学家们也许可以从小婴儿身上获得更加广泛的认识。哲学家和心理学家都倾向于寻找意识问题的唯一解答，无论是神经元的特殊振动频率，还是特定的大脑区域，或是语言、高水平规划、自我反思等特殊能力。而探讨婴儿则让我们认识到，答案有可能是多元的、灵活的。所以，我们不应当寻求对于意识的宏观解释，而是应当寻找每一种不同意识的细致解释，内部聚焦与外向开放，自我意识的计划与非自我意识的吸收，聚光灯般的意识与灯笼般的意识。伴随着成长，我们会变得更有智慧，也会获得认识世界的新方式，意识的改变就会变得很有启发意义。也许，我们应当做的不是过于关注有可能成为关键解答的意识中的某一个方面，而是更加开放地接受多元的、富于变化的整个经验世界。

05
**我是谁：
记忆与自我**

意识并不仅仅是我们对外部世界的感知，更是一种独特的内在体验。正如对外界的体验影响了意识，我们的意识也受记忆、规划、沉迷、幻想的控制。我们会在时空之间穿梭旅行，在对过去生动画面的回忆与对未来美好或可怖的预期之间来回跃动。我们还会听到不绝于耳的内心独白，那回荡在脑中絮絮念叨的声音。往往，我们会将清醒的大部分时间用在这些内部反省上，而只花很少的时间与外界互动。

这慢慢涌现的意识之流与我们自己的身份认同感密切相关。我的体验只会发生在我自己身上。伟大的哲学家笛卡儿认为，这种内在体验实际上是我们唯一可以确定无疑的东西：我思故我在。但是这里的"我"究竟是谁呢？他是坐在前排位置上看着我的生命铺陈展开的内在观察者,是将我对过去的记忆和对未来的憧憬统一起来的恒久自我。他是经历我的人生之人,是规划我的余生之人,也是从种种规划中获益之人。他是我内在的眼,是我自传的作者,是我的执行总裁。

那么,关于孩子的内在意识,我们又能获知多少?他们也如成人一般拥有涌动的意识之流和内在的观察者吗?他们是否能够感知到持久而统一的自我?同样,只有将自己放在孩子的位置上来思考,我们才能解答这些问题。但也正如第 4 章所述,我们可以利用其他类型的研究结论来探究孩子的内在意识。所以,我们能够以成人为对象,讨论与内在意识紧密相连的各种心理功能,从而了解这些功能在童年会有怎样的变化与发展。

会"骗人"的记忆

注意与外部意识密切相关,而记忆则与内部意识关系匪浅。心理学家区分了不同类型的记忆,其中,过去的经验对当前行为产生的任何一种影响都可被归为一种记忆。即便是海参之类非常低级的生物也有这种记忆。[1] 当实验者轻轻触摸海参的虹吸管时,它会微微缩起身子,但如果在轻轻触摸之后立刻重重击打海参的尾部,这样重复多次,那么海参一感受到轻触就会马上剧烈地蜷缩起来,它似乎记住了轻触之后就会有重击,就像巴甫洛夫的狗能记住特定音调会和电击同时出现一样。

记忆同样也可能与某人终其一生所积累的知识相关。例如,我可以说自己记得巴黎是法国的首都,猫这个英文单词的拼写为 c-a-t,却无法精确地记得自己是何时掌握这些知识的,或者最初是从哪里获悉的。我并没有关于巴黎始终是法国首都的具体记忆,仅仅是知道这个事实而已。

但有一种独特的意识体验让这些记忆成为"我的",并且让我可以创造一段关于自己生命的连续的故事。心理学家们将此称为情景记忆或自传式记忆。² 这是一种强烈的、鲜明的、具体的、有意识的记忆,例如,4 岁时在纽约的古根海姆博物馆(Guggenheim Museum)第一次看到毕加索绘画的记忆,14 岁在费城艺术博物馆(Philadelphia Museum of Art)的初吻记忆,等等。上述不同类型的记忆涉及大脑不同区域的功能。大脑特定区域受到损伤的人仍可以掌握新信息,却无法创造新的情景记忆。

这类病人中最著名的一位是 H.M.(姓名首字母缩写)。H.M. 在很年轻时接受了一次治疗癫痫的脑外科手术,³ 这次手术损伤了他的海马,此后,H.M. 仍然可以学会新技能,例如使用电脑,甚至可以学习新东西,但是他的自传式记忆和对自己的身份认同都在 1953 年实施手术后全部终结了。H.M. 每次去见自己的医生时,都会重新介绍自己,因为他不记得曾经见过这位医生。而且,每次照镜子时,他都会感到很惊讶,因为他无法将镜中已然衰老的面孔与"自己只有 27 岁"的自我认知统一起来。

虽然坦率而言,H.M. 确实是有意识的,但是,他的意识明显不同于其他正常人的意识。对普通人而言,只是想象一下,自己意识范围中能够回溯到过去的几个瞬间,那些经历和记忆再也不属于自己了,这就已经够让人头晕目眩、难以接受的了。电影《记忆碎片》(Memento)中的男主角就是这类顺行性遗忘(anterograde amnesia)①的患者。而这部电影很好地抓住了这种异常体验所带来的混乱和陌生感,营造出了离奇、悬疑的卖点。在电影中,男主角每时每刻都不记得此前的瞬间究竟发生了什么。他在一家酒吧与

---

① 指丧失短时记忆。

人交谈，走出酒吧，再回去时，就觉得自己根本没见过酒吧里的人。他计划要去汽车旅馆，但此后身处汽车旅馆中却不知道自己怎么会在那里。

我们的情景记忆从何而来？表面看来，这种自传式记忆就像一种内部意识的 DVD 刻录机，忠实地记录下你的生活，之后再被回放出来，但事实并非如此简单。例如，当我回忆自己的初吻时，就像回到当时，正看着雨中的两个人坐在博物馆外的花园长椅上一样。当然，就当时而言，我并不是由外部看向内部，而是从内向外看的。但如果人的记忆真的像是在播放过去经历的 DVD 的话，那我看到的就应该是自己的鼻尖和对面那慢慢靠近的面庞了。

就连最生动的、突然"闪现"的自传式记忆也可能是错误的。例如，关于美国"挑战者号"航天飞机爆炸或"9·11"事件之类恐怖经历的记忆。心理学家们在"挑战者号"航天飞机失事[4]之后，立刻收集了人们对这起灾难的体验。他们要求人们回答"当时你在哪里"或"你如何得知航天飞机失事，看电视还是听广播"等问题。3 年后，心理学家们再次请这些人回答同样的问题，人们对于航天飞机爆炸的记忆仍然鲜活如初，他们对自己的答案的准确性也非常自信，但事实是，很多人的回答与最初的说法并不一致，出现了错误，他们并不像自己所认为的那样，真的记得这起事件。可见，即便是这类极其生动的记忆，也不能原封不动地投射出最初的经验。

此外，我们甚至还会自己创造详尽细致，但完全虚假的自传式记忆，编造出根本没有发生过的事情的记忆。这种夸张而戏剧性的记忆可以是被外星人绑架、被恶魔虐待、犯罪等，也有可能是更普通的记忆，例如，儿时在商场里走失。

> **思维实验室**
>
> 伊丽莎白·洛夫特斯（Elizabeth Loftus）和同事一起开展了一系列惊人的实验，探究最普通的人如何编造出虚假的记忆。[5]开始时，实验者会告诉被试某些事情真的发生过，例如在商场里走失："你的母亲说，你曾经在商场里走失过。"之后要求被试尽力回忆当时的情景，并且提供一些细节参考，比如跟他说："记得吗，你就躲在那个喷泉后面？"到最后，被试都会十分确定地声称自己记得曾在商场里走失过。他们对"走失事件"形成了鲜明的情景记忆，尽管这并不曾真正发生过。

情景记忆中包含了众多的感官细节，因此与其他类型的记忆并不相同。例如，我可以回忆起当时的细雨落在身上的感觉和初吻的感觉，但我只是知道巴黎是法国的首都，却没什么细节可回忆的。只要让人们想象某件事会带来什么样的感觉、视觉和触觉体验，他们就会在脑海中形成同样详尽而具体的画面。这样做的时候，无论是在记忆研究者的实验室里，还是在心理治疗中，或是被警察审讯时，人们确实都会假造自传式记忆。这些虚假的记忆让人深信不疑，因为它们给人的感觉就像真实的记忆，我们对此的意识体验很难与真实事件区分开来。

如此看来，即便是声称记得自己被外星人绑架的人[6]，也并非发疯或撒谎，他们是真的体验了自己所描述的记忆。对"被外星人绑架"现象最好的解释是：这种体验开始于特殊的睡眠障碍，人们会感到自己浑身无力，并且会恍惚觉得有陌生人在自己的房间里。大多数人的类似体验到此也就结束了，但也有少部分人会用自己从前听过的外星人故事来解释这种体验。这些人会细致地描述更多的记忆细节，如怪异的光线、探针等，这就像洛夫特斯实验中的被试将实验者的提示细化成自己的记忆一样。这类记忆给人的感觉完全不同于"巴黎是法国的首都"之类的记忆。

孩子的记忆不是一片空白

上述种种现象，在孩子身上又是什么样的情形呢？他们是像成人一样拥有细致的情景记忆，还是像 H.M. 那样只有被截断的记忆？就像对外部意识的探讨一样，问题的答案似乎并不是非此即彼的。即便十分幼小的婴儿也拥有情景记忆，但不同于成人。从出生到 5 岁，孩子们会渐渐形成看上去更加成人化的自传式记忆。记忆的发展变化表明，孩子的内部意识也同时发生着改变。

过去，心理学家曾认为婴儿根本没有情景记忆，这又是一种认为婴儿是大脑发育不完全的、只会哭叫的胡萝卜式的谬论。事实上，对于特定事件，婴儿也会有具体的记忆。例如，可以想想各种模仿实验。婴儿看到实验者用头去碰盒子，盒子亮了起来，一个月后，当他们再次看到盒子时，也会俯身用头去碰盒子。他们明确地记住了这个不寻常的具体事件。

一旦能开口说话，1～2 岁的孩子就可以说出过去发生在自己身上的具体事情。[7] 例如，我的儿子阿列克谢 18 个月大时，曾和来访的祖母一起全神贯注地看星星和月亮。一个月后，当祖母再次来看他时，尽管是在大白天，阿列克谢还是马上拉着祖母的手往外走，嘴里还叫着"看月亮，看月亮"。

但是，孩子们只有在长大一些后，才会把这些情景记忆编织成一种连续的叙述。[8] 在这种叙述中，他们自己是主角，或者至少是主演。

心理学家罗宾·菲伍什（Robyn Fivush）曾记录了母亲带着孩子游览动物园的日常活动。几天后，她请孩子叙述去动物园游览时做了什么。2岁的孩子可以说出一些很具体的活动，例如"小象大便了"。但令人惊讶的是，孩子所说的每一件事都是在重述游览过程中妈妈曾对他说过的。如果妈妈当时并没有明确地提到小象，那么孩子也根本不会记得。成人会觉得，自己的情景记忆就是自己的，不是别人的。然而，对这些幼小的孩子而言，似乎这些属于妈妈的记忆也属于他们自己。相对地，5岁的孩子就可以完整而独立地描述自己在动物园的经历了。

同样，这种年龄差异在更具实验性的情景下也很常见。3岁孩子的记忆不同于年龄更大的孩子。如果有人问："27日晚上你在哪里？"那么，我似乎需要展开自己过去几天来的情景记忆，从中找到正确的答案。而且，在日常的回忆中，我的大脑会回溯缤纷记忆中的每一个细节。心理学家将此称为自由回忆。但我们同样可以探讨，提供线索是否能够唤起回忆："27日晚上，你在酒吧里有没有看到一个戴软呢帽、拿小提琴盒的男人？"

这类由线索唤起的记忆也属于情景记忆，但它们是由外部提示所得，而非由内部提取生成。这并不等于警察正告诉你答案，也不是母亲让2岁的孩子记住小象，更不是实验者提示被试"想起"自己曾在商场里走失。事实上，你记忆中的信息真实存在，只是没有线索就无法提取而已。这就像是外源性注意和内源性注意之间的差异。在此，记忆受到了外部控制，而不受内部控制。

例如，在实验中，我们可以提供一系列单词，然后要求被试尽可能多地背出来，或是告诉被试其中一个单词，帮助他想起下一个。对所有成人而言，借助线索来回忆要比自由回忆容易，但对学龄前孩子来说，这二者的差距十分悬殊。当有线索提示时，孩子们可以惊人地回想起记忆中的各种细节，但在自由回忆中却几乎什么也想不起来。[9]

这在日常生活中随处可见。例如，去幼儿园接到孩子时，父母总会问："宝贝，你今天干什么了？"而孩子必然会说"什么也没干呀"或者"我玩了"。尽管，这一天之中孩子可能愉快地参观了科学博物馆并且坐了小火箭，或是从攀登架上摔了下来，或是第一次玩了蛇梯棋游戏。较好的幼儿园通常都会给家长提供一张一日活动清单以供查阅，如果你对照清单上的活动，一项一项地询问孩子，那么此前坚持说"什么也没干"的孩子就会立刻兴奋地向你细细述说各项活动是怎么回事。这并不意味着这孩子有障碍、有问题，他只是无法像成人或6岁孩子那样自由地提取自己的记忆罢了。

易受暗示的孩子

有意识的自传式记忆还有一个特点，即人们不仅知道所发生的事情，还知道自己是如何得知的，或者至少认为，你的知识来源于过去一些特别具体的经验。例如，我并不清楚自己为什么会知道巴黎是法国的首都，但我很确定自己知道费城艺术博物馆的椅子坐上去是什么感觉，以及细雨下的初吻是什么感觉，因为我当时正在那里。有的哲学家将此归为意识体验的标志之一。如果我说自己有意识地记得那天的吻，却不相信自己曾有此经历，似乎就显得矛盾可笑了。但是，虚假的记忆同样可以让人信以为真，因为我们可能同样错误地确信其来源。[10]

大脑因受损而失去自传式记忆的人也无法记住自己已掌握的知识的来

源。例如，他们也许能学会如何编写计算机程序，却无法说出自己是如何学会编程的，新知识仿佛是从天而降的，甚至那些遭受过轻微脑损伤但仍能创造一些新记忆的人，通常也无法了解自己的知识从何而来。

年龄很小的孩子同样也很难记住自己观点的来源。[11] 例如，在实验室里，我们给孩子看一个有9个抽屉的小橱柜，里面分别放了9样不同的物品，像是鸡蛋、铅笔等。有时，我们会拉开抽屉，给孩子看抽屉里的东西。有时，我们并不拉开抽屉，只是简单地说："这个抽屉里有一支铅笔。"有时，我们则会说："你能不能猜出这个抽屉里有什么？看，这里有线索，抽屉里的东西原来是装在鸡蛋盒里的。"之后，我们关闭所有的抽屉，立即问孩子两个问题："这个抽屉里有什么？""你是怎么知道的？是你自己看到的，我告诉你的，还是根据线索猜到的？"

所有孩子都能记住每个抽屉里有什么，但3岁的孩子很难记住自己是如何得知的。他们通常会说，自己看到鸡蛋放在抽屉里，但事实上却是实验者告诉他们的或是从其他途径获得的。而5岁的孩子就可以同时说出自己所知道的信息，以及获得这一信息的特定经历。

这种来源性遗忘（source amnesia）让孩子很容易受到各种影响。影响程度很深，以至孩子的证词是否能够被法庭承认已经成为一个真正的法律问题。仅仅是对一个孩子说"他碰你了，对吗"之类的话也有可能导致孩子认定"他确实碰我了"。

举例而言，我的儿子阿列克谢还在上幼儿园时，有一次回家后讲了很多关于副园长的可怕行为：他朝孩子们大吼大叫，暴打孩子，而且很严厉地惩罚孩子。我对此感到十分担忧。但之后，阿列克谢告诉我，副园长住在地下的洞穴里，每餐都要吃蝙蝠。原来，阿列克谢所说的只是流传在幼儿园里的诡秘传闻，而不是自己的亲身体验，尽管这种传闻也许抓住了副园长性格中的某些特点。

过去，人们认为孩子之所以容易接受暗示，是因为他们无法分辨谎言与真话、想象与现实，但我们已经知道这种看法并不对。孩子知道真实与虚幻之间的差别，并且会尽量说真话。孩子容易接受暗示，更大程度上是由于信息来源问题导致的，他们无法分辨自己是从哪里获得信息的，所以，校园传说或是诱导性提问都有可能与真实的记忆混淆起来。

我在加州大学伯克利分校的一名研究生杰西卡·贾尔斯（Jessica Giles）很关心与孩子有关的法制体系问题。于是，我们做了一个实验，探究孩子容易接受暗示的特性是否与他们对信息来源的理解有关。[12] 我们给孩子播放电影并提问。其中有一部分是来源性的问题："你怎么知道电影里的男孩有黄色的靴子？你在屏幕上看到了还是男孩自己说的？"也有一部分用于评估孩子受暗示程度的诱导性问题："电影里的男孩有一双红色的靴子，对吗？"但事实上，靴子是黄色的。我们发现，记得自己从哪里知道答案的孩子更有可能不受诱导性问题的暗示干扰。而且，如果我们先问来源性问题，再提出诱导性问题，那么，孩子也不太容易接受暗示。如果能形象地记得信息来源，那么，即便是 4 岁的孩子，也不会受诱导性问题的干扰。

3岁的孩子不仅很难记住自己想法的来源，而且无法记住自己过去的心理状态。从我们此前提及的"错误信念"实验[13]中就可见一斑。孩子看到一个糖果盒子，打开后却发现里面装满了铅笔，可以理解，孩子们都会为这个发现而感到惊讶和失望。之后，当问及第一眼看到糖果盒子时认为里面装了什么，尽管孩子们几分钟前才惊讶地发现真相，但他们仍然会说"我早就知道里面装了铅笔"。孩子们已经全然忘记了自己刚才的错误信念。

　　我们也很好奇，孩子是否会像遗忘过去的信念一样，忘记此前的愿望。于是，我们先问孩子是否想吃饼干，如果想吃，就让他们吃到不想再吃为止。之后，再问孩子："刚刚坐下来，还没有开始吃饼干的时候，你想不想吃饼干？"超过一半的3岁孩子都说，他们从来就不想吃饼干。这些孩子能够记住过去发生的事情，却忘了自己对这些事情的感受。

　　试图想象上述实验中的孩子会有何感受，就像试图想象自己是H.M.一样令人感到混乱。你看到紧闭的抽屉并听到我说"里面有个鸡蛋"，你震惊地发现糖果盒子里没有装糖果而是装了铅笔，你急切地渴望吃饼干……但仅仅过了几分钟之后，你却同样无忧无虑地、自信地、真诚地声称自己记得：亲眼看到了鸡蛋，早就知道糖果盒子里装的是铅笔，从来没有想吃饼干。按说，似乎没有任何事情会比我们刚刚过去的意识经验更无须验证，也更可信的了。但是，3岁的孩子，尽管能记得几个月前的具体事情，例如"看月亮"，却似乎无法回忆自己几分钟前的体验。

　　事实上，如果间隔的时间很长，成人也会犯这类错误。例如，我们也许会认为自己真的参加过只在电视上看到过的拉力赛，或者认为自己不可能会喜欢民谣歌手多诺万（Donovan）。但是对3岁的孩子来说，只需要间隔几分钟，这类信念或愿望就会被遗忘，他们就会犯这类错误。可见，孩子们肯定生活在一个非常不同的世界之中。

此时的我与过去和未来的我

孩子有自传式记忆吗

在建构个人身份认同感的过程中，自传式记忆发挥着重要作用。我并不会因为我具有"我"的特质，就始终是过去的我或者未来的我，毕竟，我还是更像一名普通的 50 岁女发展心理学家，而不太像 3 岁时的我，或是 80 岁时的我，如果我能有幸活到这个岁数的话。而且，我甚至不会因为使用着同一具躯体，就和过去或未来的我一模一样。不管怎么说，我现在的身体已经跟 30 年前有着天壤之别了，这可真悲哀。那么，让我始终是"我"的秘密是什么呢？那就是记忆。我能够记得过去自己的感受和想法，哪怕是现在看来很离奇的 6 岁时幼稚的想法和感受，比如害怕走进黑暗的壁橱，或是 16 岁时不畏惧走入阴暗小巷的感受。

这些记忆是"我的"，而且以一种独特而意义重大的方式属于我。我或许知道自己的兄弟也曾有过的离奇想法和感受，却没有深刻的记忆，因为那些并不是"我"过去的想法和感受。《星际迷航》(*Star Trek*) 是有史以来最具哲学意味的电视节目，剧中特别清晰地证明了这一点。乔琪亚·戴克斯 (Jadzia Dax) 是剧中出现的一种由两个部分组成的生物：一具正常的躯体乔琪亚，以及一个独立的共生体戴克斯。每当躯体死亡时，共生体就会转移到另一具躯体上。乔琪亚会吸收共生体在过去多次生命中积累的知识和技能，比如它的外交手腕和赌博技巧。但真正让乔琪亚和戴克斯合二为一的是乔琪亚同样也获得了戴克斯此前的诸多记忆，并且就像体验自己的记忆一样，体验着戴克斯的记忆。

哲学家约翰·坎贝尔（John Campbell）[14]认为，自传式记忆的意识体验取决于过去、现在及未来的自我之间的因果联系。作为成人，我们会将自己的生命视作一段完整的、不断展开的因果叙事，串联了我们过去、现在和未来的体验。也就是说，我们在未来将要做的、感受的、相信的都取决于现在的所做、所感、所思，而现在的所做、所感、所思又由过去曾做过的、感受到的、相信的内容所决定。对成人而言，这条完整的时间线似乎不言而喻，但我们也有可能以完全不同的方式来整合自己的经验。例如，分离性障碍症或多重人格障碍症患者就会为每个分裂的"自我"准备一条单独的时间线，所以，当"我"是"杰基尔"时，所做的事情只会影响"杰基尔"的未来，而不会影响"海德"的行动。①

特别小的孩子就已经形成了一些对自我的认知。例如，大约18个月的婴儿就会开始认出镜中的自己。[15]我们可以偷偷在婴儿的前额上贴一张贴纸，然后把他抱到镜子前，如此验证的结果表明，1岁的孩子在面对镜子时就好像看到了另一个婴儿，他们会指着镜中婴儿头上的贴纸，而2岁的孩子就会立即触摸自己的额头，看看是不是有一张贴纸在那里。

但是，这个年龄段的孩子似乎仍然无法理解此时的自己与过去和未来的自己有什么关系，他们还没有形成完整而单一的时间线。在一项实验中，特蕾莎·麦科马克（Teresa McCormack）[16]连续几天给孩子们看两个不同系列

---

① "杰基尔"和"海德"出自著名小说《化身博士》（*The Strange Case of Dr. Jekyll and Mr. Hyde*），由英国著名作家罗伯特·路易斯·史蒂文斯（Robert Louis Stevenson）所著。"海德"是"杰基尔"分裂出的凶残人格。——编者注

的图画，然后让孩子们回答自己曾经看过哪些图画，是今天看到的，还是昨天看到的。3岁的孩子能够认出自己曾看到过的图画，但无法说出是什么时候看到的。而到6岁时，孩子就可以像成人一样很好地回答这些问题了。

丹尼·波维内利（Danny Povinelli）还做过一个更具戏剧性的实验。[17]如今，几乎所有父母都会录下宝宝成长的视频，再放给他们看，即便3岁的孩子也明白视频录像的工作原理。

在波维内利的实验里，一名成人陪着孩子一起玩耍，玩的过程中，悄悄把贴纸贴到了孩子的额头上，就像在1岁大的孩子和镜子的那个实验中所做的一样。随即，成人将游戏时的录像播放给孩子看。5岁的孩子看到录像里的自己脑门上多了张贴纸时，会感到很诧异，并且会立即伸手去摸自己的额头，看看贴纸还在不在，他们已经将录像里过去的自己和现在的自己统一起来了。但是，3岁的孩子看到录像却没什么反应。

可见，3岁的孩子虽然能够辨认出镜子里的自己，却无法整合现在与过去。尽管他们都发现录像中自己的额头上有一张贴纸，却似乎没有把这一与过去的自己有关的信息迁移到现在的自己身上。也就是说，他们似乎未能认识到，如果5分钟前，自己的额头上有张贴纸，那么，贴纸到现在也仍然还在。

很显然，3岁的孩子会用自己的名字来称呼录像中的自己，而4岁的孩子就会将录像中的自己称为"我"了。例如，3岁时，约翰尼会说："看，约翰尼的脑门上有一张贴纸。"而压根儿不会想到摸摸自己的额头。但到4

岁时，他就会说："看，我的脑门上有一张贴纸。"并且立刻摸摸额头，把贴纸撕下来。年纪较小的孩子知道录像中的孩子是过去的自己，但他们并没有看到过去的自己和现在的自己之间的联系。

上述种种现象让许多心理学家认为，婴幼儿并未像年纪较大的孩子或成人那样拥有自传式记忆。研究记忆的学者们通常会认为情景记忆和自传式记忆这两个术语的意指相同，在成人身上似乎也确实如此。但是，我们只能说婴幼儿拥有情景记忆，却没有自传式记忆。尽管婴幼儿很善于记住过去发生的具体事情，但他们无法将这些事情整合到统一而不断延伸的时间线里，他们不记得自己是如何得知这些事情的，也不记得自己过去对这些事情的态度。同样，婴幼儿也不会将自己直接体验的事情放到比道听途说的事情更高的位置上；相反，他们会将二者混淆。他们并没有一个"内在的自传作者"，没有能够将过去与现在的心理状态联系起来的自我。他们无法体验那个不知道糖果盒里装了铅笔、很想吃饼干或额头上贴了贴纸的"自我"的感受。

孩子有执行控制能力吗

当4岁的孩子开始理解自己过去的想法也许已经发生了变化时，他们就会渐渐认识到，自己的想法在将来也会改变。

在一项实验中，克里斯蒂娜·阿坦斯（Cristina Atance）[18]向孩子展示了不同景观的图片：烈日炙烤下的沙漠、白雪皑皑的山顶，并对孩子说："假如明天要去这里旅行，你会带上什么东西呢？"孩子可以挑选不同的物品：墨镜或贝壳、暖和的夹克衫或冰块。然后追问他们："为什么要选这个？"4～5岁的孩子在想象这次旅行时都会选择正确的装备来保护自己免受危害，比如选择戴上墨镜去沙漠，穿上暖和的夹克衫到冰雪覆盖的山顶。他们也会根据自己预期的未来情形，准确地解释自己的选择："为了防止眼睛受伤"或"不然我就会很冷的"。但是，3岁的孩子却不太可能做到这一点。他们更有可能认为应该带上贝壳去沙漠，就像戴着墨镜一样。

此外，还有证据表明，婴幼儿并不会像我们一样设想自己在未来的情形。幼儿在形成自传式记忆的同时，也在发展执行控制的能力。执行控制能力是指考虑到将来想要什么而控制自己当前行为的能力。我们已经认识到，3～5岁的孩子就开始能够主动改变自己的思想了。例如，在延迟满足实验中，他们会通过唱歌、吹口哨、闭上眼睛等方式来抗拒饼干的诱惑。

同样，我们此前也了解到，即便是很小的婴儿，也能够规划未来。他们会想象世界的另一种存在方式，并且采取行动使之成真。但是，执行控制所要求的不仅仅是单纯的规划能力，不仅需要想象世界的另一种可能，更需要想象自己的另一种可能。通常，规划意味着做一些事情来满足自己目前的愿望，而当目前的愿望与未来可能的愿望发生冲突时，执行控制能力就会发挥重要的作用了。这需要理解自己目前的感受与稍后可能会有的感受之间的因果联系。例如，我现在并不想要墨镜，或者我在延迟满足实验的最开始，就想吃一块饼干，但之后，当我到了沙漠之中，或者我失去了吃两块饼干的机会时，想法和感受就会有所不同了。而执行控制能力就要求人们同时考虑未来的自己和现在的自己。

成人的执行控制能力就像自传式记忆一样，与意识密切相关。我们可以无意识地、不花心思地采取行动和规划，穿越交通情况很复杂的街道。但是，假如想在这个过程中变更计划，或者为了将来要做的事情而抑制当前的愿望，那又该怎么办呢？这就需要我们意识到正在采取行动的"自己"。可以想象这样一种情形：当"你"，当前的自己正无意识但很熟练地回家，绕开障碍并转弯的时候，负责执行功能的"你"突然出现在意识层面，并且告诉你今天必须走完全相反的方向。

或者可以想象，意志力和自我控制是多么迫切地需要意识的力量。负责执行功能的"自我"必须始终保持清醒和警惕，严格监督着那个冲动的、受习惯化控制的、毫不顾虑后果的、可怜的自我，例如随时准备制止这个"自我"多吃一块羊角面包或是发送那封措辞愤慨的邮件。

在日常经验中，意识的内部观察者以及情景记忆的内在自传作者似乎都与内在的执行者密不可分，而事实上，他们似乎是同一的：都是"自我"。我们会感觉自己拥有执行控制能力，是因为有一个内在的"超级自我"在过去、现在、未来的自己之间进行协调，并且最终下达命令。

伍迪·艾伦（Woody Allen）在自导自演的电影《性爱宝典》（*Everything You Always Wanted to Know about Sex*）中就生动地抓住了上述常见现象。剧中，托尼·兰德尔（Tony Randall）饰演的倒霉的引诱者坐在自己大脑控制中心的一把巨大的椅子上，绝望地试图将自己从大屏幕上吸收的视觉信息与抑制自己行动的液压机械协调起来："该死，到底是谁播放的那吓人的图像！"而正如哲学家杰瑞·福多尔（Jerry Fodor）所说："肯定有人负责掌管这一切，感谢老天，这个人幸好是我自己。"[19]

当然，从科学的角度来看，这似乎只是一种谬论。内在的执行者，就像是内在见证记忆的自传作者一样，都被哲学家们称为"小矮人"，即人们脑中的小人。但是，假设脑中有一个小人来负责体验和判断，这仍然无法真正地解释人们的体验和决定。这种类型的解释也无法说明任何问题，如果一切都有人来替你决定，那么，无论是"超级自我"还是"内在的托尼·兰德尔"或是任务控制，就都不需要了。

但是，我们感觉上仍然就像是脑中有个小人在执行控制一样。从纯粹的现象学逻辑观点来看，自传式记忆、执行控制与负责观察、记忆、判断的"自我"之间有密切联系。科学心理学指出，我们不能用"真的存在一个用内在的眼睛能看到的神奇自我"来解释自己的内部意识，就像我们不能用"真的有一盏聚光灯帮助我们逐一扫视外部世界"来解释自己的外部意识一样。相反，自传式记忆能力和执行控制能力以及内部意识的形态之间必然有着某种更为间接的联系。但事实上，自传式记忆和执行控制能力带给我们的感觉就是，似乎真的有内在的眼睛和内部不变的自我存在。由于孩子的自传式记忆和执行控制能力不同于成人，所以，他们的内部意识和自我感觉也应当有所不同。

生活在当下的孩子

我们可以通过简单地询问孩子来了解他们的内部意识是什么样的。这也正是弗拉维尔夫妇所做的。[20]孩子对外部意识的理解不同于成人，同时，他们对内部意识的理解也十分独特。作为成人，我们会假设有一条意识的细流，思想、感受、记忆会随之持续而永恒地在脑中流淌。但是，就连5岁的孩子也不会产生这种假设。在弗拉维尔夫妇的实验中，孩子们看到埃莉坐在椅子上盯着墙，如果问他们："埃莉在想什么吗？现在，她的大脑中发生了什么吗？她现在有想法、感受或观点吗？"5岁的孩子都会否认。他们认为，如果埃莉没有做任何事,或者没有看任何东西,那她的大脑中肯定是一片空白。

更令人惊讶的是,孩子认为自己的大脑也是如此。如果问他们是否可以在几个小时内都让大脑处于空白状态,他们会毫不犹豫地说"当然可以"。即便在我们很清楚地发现他们肯定想到了什么的时候,孩子们仍然会坚持这个答案。

思维实验室 THE PHILOSOPHICAL BABY　　假如每隔30秒就摇铃铛,让4岁的孩子听见,在停止摇铃后,孩子们都会感到吃惊。但如果此时问他们:"你刚才在想什么?"孩子们会说:"什么也没想。"更夸张的是,如果再准确地问孩子们:"当铃声消失时,你有没有在想铃声?"他们仍然会说:"没有呀。"而年纪较大的孩子就像成人一样,会说他们在想铃声,很好奇铃声为什么消失了,或者说在等着铃声再次响起。

幼儿认为,只有当某事发生,需要去想时,自己才会去想,所以他们也认为,埃莉只有真的看到什么东西时才会思考。一个4岁的孩子是这样总结的:"每次,你想了一小会儿的时候,肯定是有事情发生了或者在继续进行。有时候,有些事情会持续几分钟,接着就没什么再发生的了。"这与成人脑中绵延不绝的意识之流极其不同。

此外,幼儿同样否认视觉想象或内心独白,尽管他们已经能够很好地理解图像或句子是什么了。假如对一名幼儿说:"你可以在自己家的哪个房间里找到牙刷?我希望你在脑子里回答这个问题,但不要把答案说出来。"对此,大部分成人都会在脑海中呈现各个房间的画面,然后确定牙刷放在卫生间里。

但是，如果我们接着问幼儿他们是否想象出了卫生间的样子，4岁的孩子会否认，声称自己并没有想到卫生间，尽管他们最后说出来的答案是正确的。

幼儿同样认为人们不可能在脑中和自己对话。弗拉维尔夫妇曾让孩子们想想自己老师的名字怎么发音，而孩子们否认自己脑中有任何声音念出了这个名字。如果再精确地追问，他们可能就会胡乱地说自己脑中既有声音也有画面。

学龄前的孩子似乎能很好地理解思维其他方面的内容。他们知道，在决定某事、假装某事或解决问题时，人们会想自己正在做的事情。例如，如果埃莉在看一个硬币魔术，那么，孩子们就会说："她在想这个魔术是怎么回事。"如果问埃莉晚上想吃中国菜还是印度菜，而她说："嗯……"并且沉吟良久，那么，孩子们就会说："她在想晚上吃什么。"可见，幼儿能够理解"思考某事"这个概念，他们甚至能理解你可以想着什么但什么也不做。但是，幼儿无法理解思考可以在内部发生，他们无法理解思维可以简单地依循内部体验的逻辑进行，不一定需要外部触发。

上述这些对我们理解做小婴儿的感受会有什么帮助呢？小婴儿与失忆症患者H.M.不同，他们能够有意识地记住过去发生的具体事情，将过去与现在的事区分开来，并且保持这些记忆长达几个月。他们也能够计划和想象世界可能是什么样的，并将这些可能性转化为现实。

但是，婴幼儿还没有形成自传式记忆和执行控制能力。他们无法将自己的生命感知为一条由过去延伸至未来的完整的时间线，也不能像成人一样自由地循着这条时间线在过去和未来之间穿梭。他们无法体验自己过去作为痛苦的失败者或幸福爱人的感受，也不能预知自己未来可能的绝望或欢乐。而且，孩子不会感到自己沉浸在一条潺潺不绝、不断变化的思想与感受之流中。

事实上，对婴幼儿来说，似乎并没有一个像成人那样的"自我"存在，可以将上述种种延伸到过去和未来。他们并不会记住自己过去的心理状态，也就是说，尽管能记住之前发生的事，但他们似乎不记得自己对这件事的想法或感受。而且，虽然能够为不久的将来做出规划，但婴幼儿似乎也无法预期之后的状态，他们不会猜测自己将会有何想法及感受。

即便很小的婴儿，也会有一些"自我"感知。他们可以认出镜中的自己，并且将自己与旁人区分开来。毕竟，3岁的孩子就知道录像中的孩子是约翰尼，而不是别的小朋友。但是，他们似乎无法像成人一样体验到自己内部的观察者、自传作者和执行者。

那么，做这样的小婴儿会有何感受呢？我认为，婴儿的意识包含了成人意识中必备的各种要素。有关于过去事件的画面，有预期目标的图景，有奇异幻想和假装游戏等反事实内容，甚至还有抽象思维。婴儿能够辨识这些不同类型心理事件的差别，能够分辨现在的感知与过去的记忆，能够区分目前的幻象和未来的目标。但是，3岁的孩子尚未将凡此种种整合为统一的时间线，没有将过去的记忆和未来的目标串联在时间线之中，也未将虚构与幻想归到一边。而且，他们也许还没有感受到完整的内在执行者。相反，这些记忆、图像、想法会受到当前事件的牵引，或受到其他记忆、图像、想法的触发，在意识之中或隐或现。

如果对成人而言，外部意识就像聚光灯，内部意识就像小路，那么，这也是属于自己的独特小路，是在世界中穿行时自己开辟的路径。在这条路上，可以回首过去，也可以远眺未来，无论多么晦暗，都能看到自己的最终目的。这条小路推动着我们前进，并且给生命填满了特别的动力。当然，这条小路也会很轻易地变成一条车辙、一条细窄的小径，让我们漫无止境而执着地穿行。

对婴幼儿来说，注意更像灯笼，他们的内部意识也更像是漫无目的的游荡，而不是直奔终点的航行，就像是一段探险之旅，而非征服之旅。他们在意识的池塘中自在地戏水，而不是沿着奔涌的意识之流奋勇前进。

在"尚未成熟"的范围保护下，婴幼儿可以安全地探索自己想去的任何地方："这里有只小象在大便！""这个奇怪的机器要用头来这样碰才行！"或者，他们想到的是科学中心里火箭飞船的简明介绍，与查理·拉维奥利联络的迂回方式……

如何进入婴儿般的"无我"状态

在第 4 章中，我曾提到，借助旅行或开放意识的冥想，我们就能对小婴儿的外部意识感同身受。尽管集中注意是成人外部意识的典型例子，但即便是成人，也还拥有其他类型的意识。同理，虽然强调内心独白的计划或记忆是我们内在体验的典型例子，但成人也有其他类型的体验更近似年幼的孩子。那么，借助心理分析学中的"自由联想"，或是快睡着时体验到的"睡意蒙眬的思想"，我们也许可以窥见小婴儿的内在意识。

作为一名不可救药的失眠症患者，我有时会短暂地从入睡前的状态中跳脱出来，并且想："等等，刚才的想法完全没有意义，谢天谢地，我一定要赶紧睡着。"我内在的观察者尽管已经很想放松入睡了，却仍然固执地保持着意识清醒，于是，这样的想法就是他的最后挣扎。有些类型的内观冥想能够有目的地培养类似的状态。冥想大师们会尝试不加控制，仅仅是观察自己的思想在头脑中不断飘移。

在上述体验中，我们要么自主地，要么偶然地放弃了对思想的控制，我们故意关闭了自传式记忆和执行控制能力，或者只是在困倦的状态下轻易地失去了这两种能力。但是，不同于旅行或开放意识的冥想，在这些体验中，我们是转向内心而不是关注外在。在这类情况下，我们的意识会变得惊人的破碎和不稳定，从图像转移到记忆再转移到思想，而没有明显的规律可循，也无任何原因可述。但同时，我们的意识也会变得惊人的丰富。我们会很吃惊地发现自己的思想内容可以变得多么罕见、多么奇特。例如，紫色小花枝蔓缠绕的画面会变幻为童年躲在桌子下面的记忆，接着再幻化成一种突然而至的、无形的焦虑感。正如关闭注意的聚光灯会让我们意识到自己外部感知的丰富性和多样性，关闭执行控制能力也会让我们意识到自己内部体验惊人的多元性。可以说，我们能够让自己的思想任意飘荡，看看它能够去往何处。

但是，无论这些体验多有价值、多有趣，都不同于我们的另一种体验，即日常可见的、典型的、成人化的内部意识，也即能够反映出成人最重要的能力的意识体验。在自由的内部意识中，思想并不会构建出前后一致、符合逻辑的各种论据，也不会为儿童保育中心的活动项目中可能出现的意外设计好步步跟进的计划，更不会细致地从周五到周日逐一回顾上周末的每个瞬间。在自由联想、入睡前的思想、内观冥想的情况下，我们做不到，也不会这样做。同样，孩子似乎也不会做这种聚焦于长期发展的计划或是系统的回忆。

此外，在这种孩子般的单纯状态下，对完整的"自我"的意识也会渐渐淡化，内在的观察者似乎悄悄退场了。事实上，内观冥想传统中的一种深刻观点恰恰就是进入"无我"状态。无论成人是否做到，至少在婴幼儿身上似乎真的体现了出来。

意识为何发生变化

大约6岁的孩子似乎会形成基本的自传式记忆、执行控制能力和内在的观察者。他们也会获得对意识的一种概括的成人化理解。那么，内部意识的这些变化是如何发生的呢？

其中，语言的发展必定发挥了作用。自传式记忆和执行控制能力的发展与语言能力的发展相辅相成，使用语言的能力为我们提供了告诉自己或他人发生了什么、应该做什么的媒介。我们可以回想一下那些去了动物园却只记得妈妈讲述的动物和参观体验的孩子，就能理解这一点。而同样令人惊讶的是，对成人而言，这种内部的语言独白，喋喋不休的内在语言正是内部意识最重要、最典型的特征之一。但是，约翰·弗拉维尔发现，孩子的内在语言却不那么突出。

在成人的意识中，语言必然发挥了作用。我们脑中的声音会不断唠叨着、催促着、指导着、劝说着我们。这里可以引用一段关于哲学家杰瑞·福多尔的逸事，也许是杜撰的。福多尔可谓是哲学界的尤吉·贝拉（Yogi Berra）。有一天有人问他："当你写作哲学著作时，你的意识之流是什么样的？"福多尔回答说："我的意识就好像不断地在说'快，杰瑞，你可以的，杰瑞，接着写下去，杰瑞'。"我们似乎都能体验到这种回荡在内心深处的声音。但是对孩子来说，这种声音至少还不够强大，没有足够的威慑力。毕竟，他们已经听到了父母用真实的声音来引导他们、约束他们，让他们朝着目标采取行动，同时避开麻烦。

成人与孩子在内部意识方面的差异，就像他们在外部意识方面的差异一样，反映出了二者大致的劳动分工。典型的儿童意识由他们典型的日常任务所塑造，即尽可能多、尽可能快地认识世界。以来源性遗忘、易受暗示、抛弃过去的错误信念等现象为例，假如你想尽快有效地完善自己的观点，那么，简单地放弃过去的错误信念，忘记这些信念的相关信息来源就可以了。

如果你也像婴儿一样持续不断地完善和改变自己的许多信念，那么，这一点就尤为明显。

> **婴幼儿学习得如此之多，如此之快，以至每隔几个月，他们的整体知识储备就会被颠覆一遍。在3～4岁，他们就会完成整个基本信念的根本变化。**

在前文中，我们已经看到，孩子在持续不断地学习并创造关于世界的全新的因果关系图。在发展心理学中，我们会随意地讨论9个月大的婴儿与12个月大的婴儿对物体概念理解的巨大差异，或者3岁孩子和4岁孩子对心理理解的根本不同。然而，这些现象却意味着在短短几个月之内，这些孩子已经完全改变了自己对世界的认识。设身处地地想想，假如你9个月大时的世界观完全不同于6个月大时的世界观，而且到了圣诞节时又会再次变得全然不同，或者，想象你最根本的信念在2009—2010年发生了颠覆性的变化，并且将在2012年再次全部改变。就算是最灵活善变、最具有革新精神的成人，一生之中也只能够如此改变自己的思想2～3次而已。

随着年岁的渐增，我们的信念也会变得越来越牢固，我们会收集越来越多的证据来支撑自己的信念。所以不难理解，我们也会越来越不情愿改变自己的信念。如果你的任务并不是改变自己的信念，而是尽可能多地建立信念，只在自己确定必要时才主动地进行些微改变，那么，你的行为也肯定会大不一样。那样的话，记录自己信念的发展历史和来源就显得尤为重要了。只有在确定新信息是强有力的、可信的，比原有信念更有说服力也更可信时，人们才会愿意改变原来的信念。

婴儿意识中的其他内容也许会反映出这些差异。举例而言，至少在自由联想、入睡前的意识等成人化的状态与改革、创造力之间有密切联系。心理病患会感到理解自我的突破性进展是躺在睡椅上时取得的，而科学家们也往往称自己是在午夜梦回时获得的伟大灵感。而且很显然，内观冥想恰恰应当提供一种内在的深刻洞见。即使对成人而言，盲目接受的"头脑风暴"所带来的感觉类似于自由联想和睡意蒙眬时的思想，也是一种鼓励新创意的绝佳途径。婴幼儿则极具创造力。所以，正如活跃的注意似乎是学习与可塑性的外部现象标志一样，这种体验也可被视为支持我们以新的方式整合观点及信息的思想过程的外部现象标志。

而且，自传式记忆和执行控制能力也都反映出了构想并执行长期规划这一典型的成人能力。由于将自己的经验视为一个完整、持续的整体，并且贯穿了过去、现在和未来，所以我们能够完成一些事情。例如，暂时忍耐着拿研究生的薪水并期望通过努力之后获得教授职位，或是从第一页开始写起，不懈地努力，直到5年后才可能出版一本书。在人类的进化史上，这种能力让人们可以在当下播撒种子以获得未来的丰收，或者在当下制造工具以备将来之需。

早在 20 世纪 60 年代，与执行控制能力有关的延迟满足实验就已经出现了。几年后的情况表明，这个实验的结果成功地预测了被试们进入学校之后的学业成就。那些在 5 岁时就能够做到延迟满足的孩子，在青少年时期也更有可能被评价为"能力强的""成熟的"，他们的 SAT 分数也始终高于无法完成延迟满足任务的孩子。[21]

一些心理学家认为，切实感受到自己没有未来的青少年最有可能出现自杀行为。迈克尔·钱德勒（Michael Chandler）在研究中对生活在原住民社区的加拿大青少年进行了分析。[22] 众所周知，这些孩子均有极大的自杀风险，并且有不太激烈的自杀行为。钱德勒发现，有自杀风险的青少年对自我的感知不够连续，与没有自杀倾向的孩子相比，他们不太能将现在的自我与过去尤其是未来的自我联系在一起。

进一步探究意识体验

到此为止，我们已经论述了关于"做小婴儿会有什么感觉"这个问题，认知发展科学所能告诉我们的一切。做婴幼儿的感受与当成人完全不同。那么，这些差异能否让我们进一步了解意识本身呢？

思考与孩子有关的事实，解释了哲学中的一个核心争论。即我们的意识体验是不可辩驳的，是知识与生命的基石吗？或者，意识本身是建构出来的，还是一种假象呢？

直到大约 100 多年前，哲学家们开始认为我们的意识决定了我们的行为方式。如果审视自己内在的思想，我们就会看到推动自己行为的那些观点、情感和判断。这就是笛卡儿的方法，他认为我们唯一可以确定的就是意识体验。同样,这也是早期的科学心理学家们,如威廉·冯特(Wilhelm Wundt)和威廉·詹姆斯等人所秉持的方法论。而且,这种类型的内观冥想也是亚洲哲学和心理学的核心所在。

但是,内省也会带来一些令人棘手的矛盾。对思想的内省是否会对思维的正常活动造成影响?例如,我们是否能真正感受到内部的自我,感受到深藏于内的那个长期存在的观察者、自传作者、执行者?大卫·休谟曾经提过一个著名的论断来否认这一点。他认为,自我是一种幻象,每当我们试图审视时,它就会立即消失。佛教传统中也有相似的论述。这究竟是由于根本就不存在可被感知的自我,还是由于当我们试图审视所感知到的自我时它就会消失呢?内省是否能够揭示人们的真实体验,还是将这种体验转变成了别的什么东西?

随着心理科学的不断发展,我们也发现了越来越多的例子,表明内省也会带来误解。有时候,我们的意识体验会与自己的行动或者其他心理证据产生矛盾。例如,在非注意盲视状态下,我们会很肯定自己有意识地看到了全景,但结果却忽略了横穿场地的大猩猩。而一些患有眼疾的病人借助盲人视觉,也会觉得看不到自己可以准确触及的东西。同样,在自传式记忆中,我们会觉得自己记得一些事实上从未经历过的事情,从对"9·11"事件最初反应的各个细节到被外星人绑架等。而在执行控制体验中,我们通常也很肯定自己正在做理性的抉择,但事实上却受到了一些非理性的无意识偏见的支配。[23] 在上述所有体验中,我们似乎都会感受到内心的小人、观察者、自传作者、决策者,但我们也都知道,他们并不存在。

这些矛盾导致了一些哲学家申辩所谓的意识其实根本不存在,尤其以丹尼尔·丹尼特（Daniel Dennett）²⁴①为主。其实，这种观点十分极端，但丹尼特在一个连续论争中把持住了这个观点。这个连续的论争涉及一些"反意识"（anticonsciousness）的哲学家，如丹尼特、保罗（Paul）、帕特里夏·丘奇兰德（Patricia Churchland）²⁵；也涉及一些"支持意识"的哲学家，如约翰·瑟尔（John Searle）和大卫·查默斯（David Chalmers）²⁶。前者强调了意识体验的易变性和矛盾性，而后者强调了意识体验独特的第一人称确定性，对于像查默斯等哲学家而言，意识与大脑之间的鸿沟表明了意识只是非物质性的，而不是幻象或错觉。查默斯认为，有意识的思想与大脑根本就是不同的事物，但是，他并不会将思想界定为一种神秘的灵魂。

对孩子的探究并不能解释意识问题，却可以支持丹尼特那一方的论断。对孩子的探究甚至会使意识问题变得更加令人困惑，更加矛盾。孩子是否能够准确地说出那种与成人完全不同的意识体验呢，还是只是错误地理解了自己意识体验的感受？他们真的不记得自己曾经认为糖果盒子里装着糖果了，还是只是弄错了自己过去的体验？我们究竟能否意识到内在的自我存在呢？不知道这就是"我的"意识体验，这究竟意味着什么样的意识感受呢？而且，就算孩子会弄错自己的意识体验，那我们成人就肯定不会弄错吗？

在意识问题中，我们认定是理所当然的那些方面，例如我们知道自己几秒前的想法，我们的意识是一条完整而绵延的细流，我们拥有统一的自我，这些观点在涉及孩子时就坍塌得支离破碎了。对孩子的探究让我们意识到，意识并不是具有独特性质的、完整而统一的现象。对外部世界生动形象的意

---

① 世界著名认知科学家丹尼尔·丹尼特集50年思考之精华，在《直觉泵和其他思考工具》一书中将一生所搜集的77个好用的思考工具倾囊相授。本书中文简体字版已由湛庐文化策划、浙江教育出版社出版。——编者注

识不同于对执行性"自我"的意识，而这又与想象的能力或回忆过去事件的能力大不相同。孩子是有意识的，但他们的意识似乎与成人的意识大相径庭。

对孩子的探究也让我们开始重视意识体验与心理学解释之间的差距。孩子无意中成了地球上最理性的造物存在，他们能够聪明地从数据中获得准确的结论，表现出复杂的统计学分析，还能开展精巧的实验。但是，这些精明而理性的学习能力却伴随着一种看似非理性的意识而出现。

皮亚杰和弗洛伊德曾推断孩子的意识也许就像自由联想或似睡非睡的朦胧思想一样。我也这样认为，因为只要与3岁孩子倾谈片刻，便不难得出这样的结论。皮亚杰和弗洛伊德更进一步地总结出这就是孩子真正的思维特性：非理性、不连续、唯我论的。但很显然，事实并非如此。3岁孩子的思想给人的感觉也许是这样，但他们真正的思想则不然。对孩子来说，心理功能与意识体验状态之间的鸿沟要更加深远。

探究意识如何发生改变，也强调了我们所思、所知、所感之间复杂而间接的互动。孩子的意识发生改变，是因为他们越来越多地认识了世界，认识了自己心理活动的工作原理。例如，当他们开始认识到他人的愿望或信念会发生改变时，也就会渐渐体验到自己愿望或信念的改变。[27]分析孩子的意识会发现，在广泛的、无意识的学习过程与意识体验的细致结构之间存在着持续不断的交错作用。当我们改变自己的思维方式时，也就改变了思考所带来的感受。而当我们所知的内容发生变化时，体验也会随之而变。意识并不是一股清晰易懂的笛卡儿式细流；相反，它是混乱而模糊的一团。哲学家们也许应当放任自己在这模糊的一团中肆意探寻。至少，孩子们会告诉我们，这样的探寻很有趣。

THE PHILOSOPHICAL BABY

第三部分
童年奠定人类爱与道德的基础

THE PHILOSOPHICAL BABY

宝宝并不像我们曾认为的那样，是无涉道德的生物。一个婴儿深情凝视母亲的脸庞，可能奠定了人类"爱"与"道德"的基础。孩子对父母的影响，等同于父母对他们的影响。我们的成长不仅仅由基因或者母亲所决定；相反，童年的经验指引着我们创造自己的生活道路。

06
童年经验如何塑造此后的人生：
先天与后天

赫拉克利特是史书中记载的最早的哲学家之一，他曾提出疑问：一生之中，我们是否始终如一？我们可以回想他最著名的格言：人不可能两次踏入同一条河流，因为河流与人皆已不同。人格同一的特性是一个经典的哲学追问：在时间的流逝中，我们是否以及如何能够保持原来的自己？通常，哲学不仅仅在于争论，更在于逸事，而同一性的问题就引发了许多有趣的逸事。

其中一个是尤利西斯与海妖的故事。尤利西斯知道海妖的歌声会导致自己死亡，但是他好奇心很强，无论如何也想亲耳听听海妖之歌。于是，尤利西斯让水手们把自己绑缚在船头，并用蜡糊住水手们的耳朵，让他们不会受海妖歌声的影响，也听不到自己说的话。他劝服水手们继续向前航行。当然，尤利西斯一听到海妖的歌声就开始咒骂自己先前的决定和种种做法了，他试图让水手们把自己从船头放下来，但水手们听不见他的声音，毫不知情地继续前行。在此，问题就出现了：尤利西斯究竟想要什么？他到底想不想被松绑？这样看来，似乎之前的尤利西斯与听到海妖歌声后的尤利西斯是截然不同的两个人。

哲学家德里克·帕菲特（Derek Parfit）讲述了一个进退两难的故事。科学家们终于发现了让人永生的办法，他们培育了几个克隆人，每一个都有着极其年轻的躯体。当你渐渐老去时，科学家们就会将你脑中所有的神经回路复制到其中一个克隆人的脑中，他们会让克隆人的大脑与你的大脑完全一致，符合你的一切记忆、想法和感受。之后，他们会杀死老去的你。这样的永生，你愿意接受吗？[1]

这些哲学故事生动而形象地指明了这样一个问题：究竟是什么让"我"成为"我"？从哪种意义而言，我能够在一生之中保持同一？我人生的各个阶段之间是什么关系？比如年轻的叛逆者与年老的保守者之间，以及受到海妖引诱之前或之后的尤利西斯之间。

在第5章中我们看到，即便是四五岁的孩子，也已经建立了将自己的过去和未来联系起来的完整的自传式记忆。例如，他们知道之前脑门上贴了贴纸的"我"，就是现在正在看录像的"我"，而且可能是将来在沙漠中需要用到墨镜的"我"。但是，这种身份认同并不会自然而然地出现；相反，孩子们主动地创造了"我"，这意味着他们正是自己传记中的特定主角。事实上，在延迟满足实验中，孩子的行为渐渐开始像尤利西斯一样，而好吃的饼干就像是魅惑的海妖。为了将来的自己，他们会阻止现在的自己。

上述事例都与较短的时间跨度有关，是将现在的"我"与几分钟之前或之后的我放在一起来考虑。而当我们所涉及的时间跨度是整个漫长的人生时，问题就变得更加尖锐了。对孩子而言，弄清当前的自我与几分钟前的自我之间的关系已经很难了，要将现在的自己与40年前的自己统一起来就更难了。然而，我们在生活中的表现似乎又像是有一个完整的故事，能够让当初的小孩成为如今的父亲，即能够整合童年与成年。事实上，这个"故事"似乎像是我们个人身份中的一个关键部分。知道自己将会如何，这让我们更能把握自己目前的状态。

那么，早期的童年经验是如何影响我们之后的人生的呢？唯独这个问题，控制了一直以来对童年的公开讨论或私下探讨。我的父母做对了或更多的是做错了什么，才让我成为如今的自己？我应该做些什么，才能确保自己的孩子成长为一个好人？

每当面对这些问题时，我们日常的直觉往往会发生急剧的转变。我们都能感受到，童年时的经验塑造了如今的自己。这也是为什么弗洛伊德学派的观点经久不衰的原因之一，尽管这些观点中有许多已经被科学证伪了。这种直觉也造成了励志类和教养类图书的盛行，甚至还导致人们热衷于讨论残酷而压抑的童年记忆。

可同时我们也感受到，童年之后发生的事情也会掩盖童年的影响。幸福的婚姻、幸运的职业或一名挚友都能够将我们从童年的痛苦经历中拯救出来。更令人庆幸的是，我们相信自己能够主动地塑造自己的生命，从而摆脱童年决定论的阴影。一个人若拥有不幸的童年记忆，那他更有可能获得令人振奋的结局，更有可能带来让人欢庆的"恢复"的可能性，而不一定就是收获同样悲惨的结果。当然，也极少有人会在回忆录中描述自己尽管有愉快的童年、充满温情的亲爱的父母，却自主地成长为堕落的成人。

哲学家们已经受到了尤利西斯问题的困扰，所以也就没有过多地关注有关童年的这些问题。这是十分糟糕的，因为哪怕是一点点清晰的哲学线索，在此都是十分有用的。有多种形形色色的途径可用于讨论早期童年经验及其对人生的影响，但这些讨论途径往往是混淆不清的。

> 我们可以认为，一个人特定的童年经验简单地导致了他成年后特定的性格特征。或者，童年时的体验导致我们建立起关于世界和他人的特定信念，而这些信念又塑造了我们成年后的想法和行为。

正如我们会看到的，上述两种观点都有一些证据支持，但是对此，科学的图景却是十分复杂的。这种复杂性正是由人类独特的改变能力所带来的。我们改变周围环境的能力让童年与成年之间的联系变得错综复杂。

童年生活也在以一种更加微妙且重要的方式影响着我们成年后的生活。由于拥有自传式记忆和自我感知，所以，无论是好是坏，童年都只是成年后的"我"的一部分。并不是童年的经历导致我成长为某种成人，而是作为成人的"我"中包含了我的童年。

罗马尼亚的孤儿

有没有哪些童年经验，尤其是父母做了或没做的事情直接影响了我们之后的人生？当我与家长进行谈话时，他们提出的问题中至少有 3/4 都依循下列模式：我如果让孩子看电视，他会不会出现注意力不集中的问题？如果在怀孕的时候给宝宝念故事，他会不会更聪明？如果给孩子听莫扎特的音乐，他的数学成绩会不会好一些？或者更常见的是，如果我做某事或不做某事，孩子长大后会不会变成一个无可救药的神经病？而所谓的"某事"，就是诸如去工作、和孩子分房睡、任由孩子哭闹等。

这些问题都是无法抗拒的，30多年来，在养育孩子的过程中，我也一直会问自己同样的问题。但令人惊讶的是，几乎没有科学证据来支撑"童年早期经验会影响今后人生"这个简单的观点。在此，我们可以举一个既惊人又悲伤的例子。在20世纪80年代的罗马尼亚[2]，由于政策的失败，出生率过高，很多孩子被遗弃，尽管那些被遗弃在孤儿院中的孩子没有遭受身体上的虐待，他们却经历了可怕的社会性及情感剥夺。没有人陪他们玩，没有人抱他们以及和他们说话，也没有人爱他们。小婴儿们在摇篮里一躺就是几个小时，几天，几周。

后来，人们发现了孤儿院中的惨状，一些英国的中产阶级家庭收养了孤儿院中的很多孩子，收养时他们已经三四岁了。这些孩子与同龄孩子相比，身材更矮小，并且表现出了更加严重的智力发展迟缓现象，他们几乎不说话，社会行为也极为怪异。

当这些孩子长到6岁时，他们在很大程度上已经赶上了同龄孩子。他们的平均智商只比同龄孩子稍微低一点点，他们也像其他孩子一样爱着自己的养父母。大部分罗马尼亚孤儿已经和其他普通孩子完全一样了。然而，其中也有一些孩子继续遭受着痛苦。尽管与最初的可怜状态相比，他们已经好多了，但在认知和社会性发展方面，他们仍远远落后于同龄孩子。

人们发现，孩子在孤儿院待的时间越长，就越有可能出现问题，出现的问题也可能会更严重。这表明，早期的童年经验确实是之后出现问题的原因所在。所以，关于罗马尼亚孤儿的这段逸事，既讲述了恢复与适应的问题，也阐明了风险问题。

罗马尼亚孤儿的案例在两个方面显得十分极端。孩子们尚是婴儿时被极端地剥夺了社会性和情感发展的机会，而当他们被收养之后，环境立刻转向另一个好的极端。但是，这个结合了风险与恢复的研究同样在其他更典型的发展研究中具有代表意义。一个人如果在童年时受到虐待，那他长大后也可能会虐待自己的孩子，但是，更多的孩子虽然儿时经受打骂，长大后却并不会成为虐待孩子的父母。他们设法摆脱了自己童年生活的那种境地。

先天遗传与后天教养间的矛盾

你可能会认为，童年经验事实上并没有影响我们之后的生活，也许在很大程度上是基因塑造了我们。但是，这种看法似乎也不够正确。相反，我们会看到，个体发展中的很多变化是由于遗传基因和实际经验相互作用而产生的。这种说法本身已经算是老调重弹了，所以更令人感兴趣的是，探究这种相互作用究竟有多么复杂，又涉及多少方面。

心理学家通常会谈及"可遗传性"。[3]生长在同一个环境下的人们可能在聪明程度、健康程度、卑鄙程度等方面各不相同，这即是心理学家所谓的"特质"。于是，我们可以提出疑问：在这些特质的异同与遗传基因的异同之间，是否存在数量关系？举例而言，如果你比其他孩子更聪明或更疯狂或更抑郁，是否意味着你的父母也比其他孩子的父母更聪明或更疯狂或更抑郁？个性特质方面的差异在多大程度上可由基因差异来预测呢？

特定基因的可遗传性

双胞胎研究是探讨这些问题的绝妙途径。我们知道，同卵双胞胎享有共同的遗传基因，而异卵双胞胎则不然，即使这两种类型的双胞胎都生活在相同的环境之中。那么，在某些特质上，如果同卵双胞胎之间比异卵双胞胎之间更加相似，就表明这些特质是"可遗传的"。例如，如果同卵双胞胎之中的一人酗酒，那么，另一人也极有可能会酗酒，而如果二人是异卵双胞胎，那另一人酗酒的概率就较低，虽然仍比与其毫无关系的陌生人酗酒的概率更高一些。

此外，还可以通过探究收养的孩子来进行分析。在某些特质上，被收养的孩子会更近似于亲生父母还是养父母？也就是说，是共同的基因作用更大，还是共同的环境作用更大？同样，亲生父母有酗酒问题而养父母没有的孩子，是否比其他没有"酗酒基因"的被收养儿童更有可能出现酗酒行为？我们也可以简单地测评家长的这类特质，之后再测评孩子。与有其他行为问题的人相比，酗酒的人，他们的父母更有可能也酗酒。所以，酗酒是可遗传的。[4]

借助这些技术，有些心理学家提出了预测某些特质可遗传性的精确数字。例如，在此前描述那种研究的基础上，心理学家们可以说，在标准的中产阶级白人群体，即研究所涉及的人群中，酗酒问题的可遗传性系数是0.40。与之相似，我们也可以测量在标准的中产阶级白人群体中，智商的可遗传性。结果表明，智商得分变量与此群体中的基因变量在统计学意义上的相关系数为 0.40 ~ 0.70。而可遗传性为 0.40 就已经非常显著了。

人们通常会假定可遗传性较高的特质一定与基因有关，而可遗传性较低的特质则是由环境导致的。这类探究所支持的论断即犯罪的"基因"、创造力的"基因"等各种行为的"基因"，是用基因来解释一切。但是，可遗传性也揭示了特定环境中的变化，人类会创造自己的生活环境，尤其会创造自己的社会环境，他们所创造的许多环境都是前所未有的。我们已经看到，我们具有反事实思维以及因果推理的能力，这本身是由基因决定的，但这意味着我们能够改造环境。这是人类生活中固定的规则而非意外情况。问题在于，同样的基因，新环境对其的影响可能与旧环境对其的影响极为不同。于是，在概念上就很难将基因作用与环境作用区分开来。

基因与环境相互作用

举一个很简单却十分惊人的例子。婴儿出生时，医护人员都会立即对他进行一个很罕见的遗传缺陷检测，即苯丙酮尿症（PKU）测试。患有苯丙酮尿症的孩子无法正常代谢食物中的某些化学物质。如果给他们提供正常人的饮食，这些孩子可能会出现非常严重的发展障碍，但如果为他们提供不包含这些化学物质的饮食，他们就可以正常长大。这意味着，由苯丙酮尿症导致的发展迟缓百分之百与基因有关，而且也绝对与环境有关。如果食物中一直包含那些无法代谢的化学物质，那苯丙酮尿症肯定会遗传，反之则不会遗传。

人类运用与生俱来的认知能力发现了苯丙酮尿症与发展迟缓之间的因果

联系，并干预和改造了患有这种基因缺陷疾病的孩子所生存的环境，使其趋于正常。其他动物就没有这种能力，所以对它们而言，苯丙酮尿症确实只能完全归咎于基因了，但对人类而言则不然。

在更普遍的情况下，我们也能看到可遗传性的矛盾。例如，弗吉尼亚大学的埃里克·特克海默（Eric Turkheimer）发现了贫困家庭中双胞胎的一些资料。[5] 以往几乎所有的双胞胎研究都只针对中产阶级儿童进行，而这些资料则表明，**在家庭富有的儿童群体中，智商更具有可遗传性，而在贫困儿童群体中，智商的可遗传性较弱**。事实上，对贫困儿童来说，基因遗传对智商的影响微乎其微，父母的聪明程度与子女的聪明程度之间几乎没有相关性，而且，同卵双胞胎的智商与异卵双胞胎的智商也无丝毫相似之处。所以，与富有家庭的孩子相比，似乎贫困家庭孩子的智商受基因的影响更小。但为何如此呢？难道贫困就注定了 DNA 全然无法再更改了吗？

答案就隐藏在贫困儿童所处环境的一些细微变化之中。例如，就读的学校是好是坏这些差异对他们的智商造成了极大的影响，甚至取代了任何基因方面的差异。家庭富有的孩子通常能够进入很好的学校就读，所以，他们之间的差异更有可能体现出基因的不同。众所周知，查尔斯·默里（Charles Murray）和理查德·赫恩斯坦（Richard Herrnstein）在合著的《钟形曲线》（*The Bell Curve*）[6] 中提出，智商具有可遗传性，这意味着诸如"启智计划"（Head Start）之类对处境不利的孩子开展的早期教育项目不会有太大的成效。但事实上，上述对智商可遗传性的新研究结果却恰恰证实了与此相反的结论：**改变贫困儿童的周遭环境，对他们产生的巨大影响是无法估量的**。

以往的研究结果同样表明了新的环境如何能够扭转基因的影响。过去一个世纪以来，人类绝对智商的得分以惊人的速度步步飙升，然而我们的基因却始终未变。[7]对此，一种很有说服力的解释是：在100年前，我们发起了史无前例的基因环境实验。我们开始将发育中的大脑放到全新的环境，即学校之中。在那之前，只有少数人能够接受教育。结果表明，在学校这种新的环境下，成长中的个体会出现前所未有的新表现，而且，一旦所有人都进入学校接受教育，天性与教养之间的相互作用便开始了，这是一种典型的人类相互作用。聪明的人，或至少在学校中成绩卓越的人，他们由于接受了教育而更加聪明，相应地，他们也会愿意接受更多的教育，而能够获得的教育越多，人也就可能变得越聪明。

这个环境实验也有可能造成一些消极的后果。例如，近来同样骤增的注意力缺陷障碍（ADD）病患也许就是这枚硬币的另一面。也许，有些人就是比其他人更善于长时间地集中注意在同一件事情上。但人与人的这种差异在大部分人类历史中似乎都没有什么影响，持久的、集中的注意对捕猎或种植而言并没有多么重要，甚至还可能是一种劣势。

然而，在课堂环境下，集中注意就显得至关重要了。在学校中，一开始就善于集中注意的孩子甚至会渐渐掌握更加牢固的集中注意的技巧。于是，基因的差异就被扩大了，难以集中注意成了一种问题，甚至成了一种疾病。

有时，我们创造环境的能力可以完全克服遗传风险，苯丙酮尿症的干预方法就是人类智慧的结晶，但同时，这种能力也可能助长遗传风险。在我们与他人的互动中，这一点尤为明显。

正如我们所看到的，人类对社会的作用远比对物理世界的作用更有效。那么相应地，社会环境也会不断地塑造着我们。

例如，死亡、离婚、失败、丢脸等紧张事件会令所有人都感到沮丧。事实上，伤心和悲痛是对这类事情的正常反应。但有抑郁的遗传风险的人对此会更敏感，更脆弱。有的人能够在失败后再度振作，而有的人则会深深陷入悲伤之中无法自拔。

更糟的是，有抑郁的遗传风险的人也更可能遭遇令人难过的事情。[8]我们会对自己所处的环境产生影响，所以，与乐观、能迅速恢复的人相比，抑郁者的行为方式更可能会导致拒绝、失败和耻辱，而这又会让他们更加抑郁。同样，易怒者的行为方式更容易激起他人的怒火，当然，这又会让他们更加暴跳如雷。例如，可以想象，在酒吧里，悲伤的女人向坐在旁边的人含泪倾诉她不幸的爱情故事，或是生气的男人不断怀疑坐在旁边的人是否想和自己打上一架。那么，这个"旁边的人"的行为几乎肯定会让这个女人更悲伤，或者让那个男人更生气。

孩子如何"培养"自己的父母

事实上，早在童年时期，甚至在婴儿期，这种人与环境之间的互动循环就已经出现了。孩子塑造着周围的世界，之后，世界再反过来塑造他们。

> 过去 30 年来，我们发现孩子对父母的影响等同于父母对他们的影响。孩子行为举止的个体差异导致父母采取不同的回应方式。

同样的父母，对待自己每个孩子的态度也是十分迥异的。在一些极端的案例中可以看到这一点。以虐待孩子为例，[9] 通常，一个家庭中只会有一个孩子不断地受到虐待，身体不好或脾气暴躁的孩子特别容易被打骂。但同时，在更普通的案例中也可以看到这一点。父母对不同孩子的回应方式不同，那么生活在同一家庭中的兄弟姐妹事实上就可能像是不同的父母教养出来的孩子。挑剔而难以安抚的孩子，育儿书中通常委婉地称之为"活泼好动"，他们所面对的妈妈可能就完全不同于他那惹人怜爱、温顺可人的弟弟或妹妹所面对的妈妈。例如，我的孩子中，年纪较大的两个只相差了一岁，他们在童年时常常形影不离。但是，年纪较大的阿列克谢热情、容易激动、外向，与冷静、害羞、聪明的弟弟尼古拉斯相比，阿列克谢眼中的妈妈就更具热情奔放的地中海风情，而不太有冷静自制的盎格鲁－撒克逊风格。

这不仅仅是由于我们无法以完全相同的方式来回应根本不同的孩子，事实上，即便你分毫不差地对待每个孩子，你的行为对他们而言也有着不同的意味。例如，将兴奋地扭动着、想寻求刺激的姐姐放在来回摇晃的秋千上，她会高兴得大笑；但是，将胆小害羞、不愿离家的妹妹放到秋千上，她则会害怕得大哭。

在其他类型的研究中，我们也能看到这种互相作用的影响。心理学家们已经对双胞胎和被收养的孩子做了"反社会行为""神经敏感性""滥用药物敏感性"及其他一系列病症的研究。[10] 我会用"糟糕的"作为在日常生活中表达这些技术性术语的同义词，因为它能够涵盖所有自己不幸福并且让别人也不快乐的人。如果亲生父母很糟糕，但被不错的养父母抚养长大，那孩子自己变得很糟糕的风险只比普通孩子高一点。同样，那些亲生父母还不错，但养父母很糟糕的孩子也是如此。但是，如果将两种影响结合起来，如果这个孩子很不幸地由糟糕的父母生下来，再被同样糟糕的养父母养大，那么，他成年后也变得很糟糕的风险要高得多，远高于只是将两种影响简单相加的程度。在此，遗传风险与环境风险不是简单的加和关系，二者会互相增值。

更糟的是，遗传风险往往与环境风险共同出现。大多数孩子都与自己的父母有着相同的遗传基因和生活环境：抑郁而贫困的孩子由同样抑郁而贫困的父母养大；容易酗酒的孩子可能由同样酗酒的父母抚育。当然，反之亦成立：乐观的、能够获得良好支持的父母也会生养出与他们相似的孩子。

有时，孩子也会改变自己的父母。毕竟，孩子是极大的亲昵、欢乐、意义的来源。可以看到，不止一个可怜的单身妈妈被自己贴心的、挚爱的小宝贝所拯救。但是，更常见的情况是，遗传与环境的风险彼此叠加，抑郁的妈妈抚养了一个抑郁的孩子，这个孩子让她更加沮丧，而沮丧的妈妈进而也让孩子更加抑郁，如此恶性循环。

因为我们拥有学习和干预的能力，所以这种良性或恶性的循环会成为发展中的规律。孩子通过观察自己父母的行为来认识周围世界，并基于这种认识而采取行动。孩子的举动影响了父母的行为，而父母的行为又进一步影响孩子的行为和表现方式，如此循环往复。天生就比较忧伤的孩子观察到自己伤感的母亲，便得出结论认为伤感是人类常态，进而流露出伤感的表现，这又使得母亲更加悲伤。这种能力意味着遗传差异要么被无限放大，要么就完全消失。

这种论调听起来颇具悲观主义色彩，在某些方面确实如此。但是，正如罗马尼亚孤儿们所证实的，这也可能是积极而乐观的。如果遗传基因，或者就此而言，早期的童年经验轻易地决定了我们的命运，那孤儿们的故事就不会这样乐观，而是凄惨的。但也正如相互作用的循环是自我延续的，也是可被打断的，让孩子们得以塑造周围环境的那种能力，同样让我们能够干预并影响发展的循环。

密歇根州的佩里学前教育计划（Perry Preschool Project）和卡罗来纳州的启蒙计划（Carolina Abecedarian Project）等早期教育项目彻底地改变了贫困儿童的早期童年经验。[11] 参加这些计划的孩子可以在设计良好的幼儿园中学习和生活，这些幼儿园都备有玩具、图书、沙箱、水桌等，最重要的是，在这里有专门的成人负责照顾和教育他们。研究者们将参加计划的这些孩子与相同社区中未能参加计划的孩子进行了比较，用清晰明了的科学证据证实，这些早期教育干预产生了持久的效果。20 或 30 年后，与控制组的孩子相比，当初参加早期教育计划的孩子更加成功，受教育水平更高、更健康，同时也更少被关进监狱。经济学分析表明，早期教育项目投入所获得的回报是惊人的，比股票市场的回报更高。

这看上去像是对"早期童年经验直接影响之后人生"这一简单观点的辩护。但是，早期教育项目并不仅仅影响了孩子，同样也影响了家长。这些项目让贫困家庭的父母和子女都获得了自主感和联系感。参加这些项目的孩子不仅仅获得了完全不同的童年经验，同样也收获了不同以往的父母，而且父母的改变是一生的。此外，让孩子变得更自信和更有求知欲，这也影响了父母和别人对待他们的方式。诸如佩里学前教育计划之类的项目之所以能够获得卓然的成效，并不仅是因为他们给孩子提供了特别丰富的早期童年经验，也因为其所引发的变化导致孩子之后的生活环境发生了层层递进的改变，一直到成年。

所以，在探讨童年经验对成年生活的影响时，需要考虑人类的干预能力。即便是很小的孩子，也会对自己周围的环境产生影响，他们会想象并创造新的环境。与之相应，这些环境也会反过来影响孩子。于是，典型的人类发展循环便诞生了。这也意味着，家长或更广泛的其他人，都能够通过改变、中断、巩固这些循环的方式来进行干预。

07
学习爱：
依恋关系与身份认同

第6章呈现了童年经验影响此后人生的一种方式。随着学习的内容与日俱增，伴随着不断的观察与实验，我们的理论、有关世界的因果关系图也会发生变化，结果导致我们设想的反事实以及采取的干预行为也会随之而变。此前对世界的了解会影响我们对新事件的解释，并且有助于判断之后的学习内容。而与之相应，这又将进一步影响我们有关周围世界的理论，并且持续到成年之后。

关于爱的理论

一生之中，理念变迁所涉及的典型例子就是心理学家所谓的"依恋"、常人所说的"爱"的变迁。孩子在理解信念和愿望的同时，也在学习"爱"。对孩子来说，认识抚育、保护、照顾自己和爱自己的人,并且弄明白"爱"是怎么回事,是很重要的。

每一个孩子都希望并且需要被爱。人类渴望受到保护和养育,这是与生俱来的普遍现象,也是保护未成熟个体的进化图式中的必要组成部分。但是,照顾的方式多种多样,婴儿们对"爱"的理解也不尽相同。

四种依恋模式

为了探究孩子对爱的理解,我们可以观察他们在照顾者离开和返回时的表现。[1] 很小的婴儿就已经能够认出熟悉的人,新生儿可以很快地识别出妈妈的面庞和声音,并且表现出偏爱,但最初他们会对所有成人露出欢欣的笑容并发出可爱的"咯咯"声,无论是否熟悉。[2]

然而1岁左右时,孩子就会发现有些人对待自己的方式比较特别,可以向这些人寻求爱。到2岁左右,孩子会特别信任和喜爱自己熟悉的几个特定的成人,包括妈妈、爸爸、保姆和兄弟姐妹。此时,当陌生人靠近时,许多孩子都会感到害怕,并会躲回父母的怀抱中。与之相似,当照顾者离开时,许多孩子也都会感到焦虑。但当重新回到爱自己的成人身边时,他们又会马上得到安抚,并且很快就会转移注意去观察其他事物。

这样的阐释也许略显抽象。举例而言,我的大儿子阿列克谢很容易激动,他情感丰富,在我离开时,会表现出典型的"分离焦虑":扑向窗子,趴在玻璃上哭喊"妈妈";当我回到家时,他又会表现出典型的"重聚安抚":从房间那头闪电般地向我冲过来,投入我的怀抱中,热情地拥抱我。而阿列克谢分离时的痛苦与重聚时的快乐都很短暂,几乎5分钟后,这种情绪就会消失。

为何会这样呢？我们知道，即便是很小的婴儿，也会认真地注意别人。他们会特别注意观察自己的情绪和行为与他人的情绪和行为之间的偶然关系，借此对"爱"进行统计分析。[3]孩子会发现，如果自己微笑，妈妈也会回以微笑；如果自己哭泣，那妈妈看上去就会很伤心，并且会安慰自己。或者，如果情况比较特殊的话，孩子也会发现，当自己对妈妈微笑时，妈妈既有可能回以微笑，也有可能表现得很伤心或很漠然；当自己哭泣时，妈妈也可能仍然微笑，或更糟的，妈妈可能会生气，进而让自己更加难过。

1岁的孩子已经习得了这些互动模式。他们同样认识到，不同的人会有不同的反应。例如，爸爸和妈妈会迅速地回应自己的快乐或难受，而陌生人就不会。小婴儿会注意到，有些人比其他人更容易回应自己，于是，他们也就会更加依赖这些人。

可以理解，此前所说的罗马尼亚孤儿最令人惊讶的就是，他们并没有认识到这一点。[4]在阴冷的孤儿院中，负责照顾他们生理需求的人流水般地更换着，每一个照顾者都十分陌生，而且根本没有任何人顾及他们的情感需要。孤儿们并没有学会向特定的人寻求照顾，而是将自己的喜爱随机地交付给遇见的任何人。当受到伤害或感到害怕时，他们既会向陌生人寻求安抚，也会向自己认识的人寻求安抚。只有在被收养之后，这些孩子才建立起了特定的依恋关系。

但是，纵然在最普通的情境下，也并非所有孩子都会对爱有相同的认识。[5]情感丰富的阿列克谢所表现出来的依恋方式被称为"安全型依恋"。这类孩子认为，特定的某个成人是爱的可靠来源，所以，在这个成人离开时会感到焦虑，返回时会感到快乐。但另一些孩子的表现则并非如此。

一些"回避型依恋"的孩子在照顾者离开和返回时都不愿意与他们互动,这些孩子既不会因为分离而哭泣,也不会因为重聚而开心,只是过分投入地玩着自己的玩具。你也许会认为,这类孩子只不过不像安全型的孩子那样焦虑罢了。但事实并非如此,当依恋对象离开时,测量这些孩子的心率就会发现,各项生理指标都表明他们的内心正经历着极大的痛楚。[6] 这是据我所知最令人伤心的研究结果。可以说,"回避型依恋"的孩子确实注意到照顾者离开了,也确实感受到焦虑和难过,但他们似乎觉得将这种不愉快表现出来只会让情况更糟。他们已经认为哭泣更可能会带来痛苦而不会令自己安心,所以,即使在如此稚幼的年纪,这类孩子也学会了压抑自己的情感。

还有一类孩子属于"焦虑型依恋",他们在照顾者离开时会异常焦虑,不仅如此,当照顾者返回之后,他们也很难被安抚。照顾者很快返回并不会让他们平静下来并感到开心;相反,这类孩子会继续哭叫,紧抓着照顾者不放。此外,他们也会变得很暴躁,乱扔玩具,甚至在抱着妈妈时仍然生气地对着妈妈哭喊。

我们会很容易认为,安全型的孩子要比回避型或焦虑型的孩子更好,但应当谨记,这至少部分取决于孩子此后对自己所处环境的认识。此外,不同依恋风格的孩子所占的比例也具有文化差异,[7] 这需要我们暂时停下来,仔细思考。

在德国,回避型孩子的比例高于美国,而在日本,更多的孩子属于焦虑型。我们也可以认为回避型孩子是坚强的、寡言自制的,而焦虑型孩子只是比其他类型的孩子需要更多的亲密关系。如果周围的其他人也大多属于同种类型，那么，无论是回避型或焦虑型，都是正常的、适宜的。例如，在英国伊顿的游戏场里，周围几乎没有人会主动表达亲昵，一个回避型的孩子也可以玩得很好；在非洲的一个小村庄里，没有任何人是孤独的，那么一个焦虑型的孩子也会茁壮成长。

此外，还有一种被称为"紊乱型"的依恋关系[8]，这类孩子的情况是最糟糕的，他们根本没有建立起前后一致的期待。相反，这些孩子会从一种行为模式突然转向另一种，令人无法预测。在之后的成长中，他们也特别容易遭遇问题和困难。

孩子的行为模式为何会有这些差异？一方面，不同的行为方式也许反映出了孩子不同的气质类型；但另一方面，大多数心理学家都认为，孩子也会建立起他人如何回应自己的"内部工作模型"。[9]这类模型就像此前所说的因果关系图和理论，只不过是关于"爱"的理论，而不是物理理论、生物理论或心智理论，是与"照顾"有关的因果关系图。具体而言，安全型的孩子知道照顾者将会很快来安抚自己；回避型的孩子则认为表达焦虑之情只会让自己更加难过；而焦虑型的孩子就不敢确定照顾者之后的安抚是否有效。

尽管与较宏观的图式相比，这似乎只是一种理论化的狭隘图式，但从孩子的角度来看，几乎没有比这更重要的理论了。由于婴儿完全依赖他人的照顾方可生存，所以，弄清楚他人照顾的工作原理远比理解日常的物理或生物概念更加重要。

与其他理论类似，婴儿会首先了解周围的人，再以这些依据[10]作为基础建立起依恋的内部工作模型。

能够迅速回应婴儿发出的信号，在离开后尽快返回，并且安抚伤心的孩子，这类母亲更有可能养育出安全型的孩子。母亲如果未能及时回应并安抚焦虑的孩子，那她们所养育的孩子就更可能属于回避型依恋。而自身十分焦虑的母亲，养育的孩子也会是焦虑型的。

当然，其中也反映出母子间相似的基因遗传特点或气质类型。但需谨记，孩子会与任何一个照顾自己的人建立起依恋关系，而不仅仅是母亲。一个孩子对不同的人会建立起不同的、首尾一致的依恋类型，具体取决于每个人的行为方式。例如，有的婴儿意识到"爸爸会回应，但妈妈不会"，于是他在爸爸面前就表现为安全型依恋，而在妈妈那里就变成了回避型依恋。可见，不同的依恋类型并不仅仅由婴儿的气质类型所决定。

孩子对爱的理解

最引人注目的是，近期的一项研究确实证明了安全型依恋与非安全型依恋的孩子关于"爱"的理论截然不同。[11]

在研究中，苏珊·约翰逊（Susan Johnson）先对 1 岁的孩子进行测试，探究他们分别属于安全型或非安全型依恋。之后，她借助"习惯化－去习惯化"技术进行了实验。实验中先让孩子观看动画片，片中有一个"妈妈"（较大的圆圈）正沿着山坡往上移动，还有一个"宝宝"（较小的圆圈）处在山脚的位置。这两个圆圈就像人类母子一样互动，接着，在某个时刻，圆圈"宝宝"突然开始跳动，并发出强烈的婴儿哭声。此后，被试孩子会看到两种结果：其一，圆圈"妈妈"从山坡上下来，靠近圆圈"宝宝"；其二，圆圈"妈妈"继续向着山顶移动。

研究结果发现，安全型依恋的孩子会期待"妈妈"靠近"宝宝"，如果"妈妈"莫名其妙地不靠近"宝宝"，那么，这些孩子注视的时间会更长一些。而令人心痛的是，非安全型依恋的孩子刚好会有相反的信念，当"妈妈"改变方向，返回到"宝宝"身边时，他们注视的时间会更长一些。

此外，在另一项研究中，约翰逊还发现，两种不同类型的孩子对"宝宝"的行为预期也截然不同。安全型依恋的孩子预期"宝宝"会主动靠近"妈妈"，而非安全型依恋的孩子则不会有这样的预期。可见，这些孩子已经学会对"爱"做出预期了，尽管他们中的许多人还只有12个月大。

关于爱，婴儿早期的反应与五六岁时具体的言行举止之间同样也存在着特定联系。[12] 当孩子长大一些后，可以让他们预测并设想与"爱"相关的反事实：假如有一个孩子的妈妈或爸爸即将出远门，这个孩子会有什么样的感受？他该怎么做呢？在婴儿期就形成安全型依恋关系的孩子能够想象这个孩子的感受，并且会建议他采取一些适宜的策略，如打电话、看妈妈或爸爸的照片等。而婴儿期建立了回避型依恋关系的孩子，虽然也知道父母出远门会感到伤心难过，但他们并不会给出任何有助于缓解思念的建议或策略。如果你还能记得这类孩子会压抑自己的悲伤，那么，他们的这种反应就会令人感到尤为心酸。

然而，孩子关于爱的理论与其他理论之间存在着重要的差异。孩子在建立关于物理世界或生物世界的理论时,所积累的资料库是庞大而前后一致的。例如,他们知道大部分球最终都会落在地上,而不是飘在空中;如果幸运的话,大部分种子都会很快生长为植物;当作宠物来养的大部分金鱼,很不幸,都会很快死亡。但是,当涉及爱的时候,孩子就只能基于十分有限却又多变的样本:父母、兄弟姐妹、祖父母、照顾自己的保姆,从他们身上来得出自己关于爱的结论。

而且,球、种子、植物的变化方式大致相同,但照顾者们的反应却可能千差万别。毕竟,妈妈只是处于特定时期,肩负育儿任务并且既有优点,也有缺点的某个女人。有的母亲也许能够迅速回应孩子流露出的快乐,安抚孩子的痛苦;但是,所有的母亲都会偶尔忽略孩子,或者会生气或伤心;而且部分母亲也许会始终不关注孩子,一直在生气或伤心。诗人罗伯特·哈斯(Robert Hass)[13]用美丽的语言抓住了这一点:

> 当我们在诗歌里呢喃出"母亲"二字,
> 便是那二十多岁、三十多岁的女子,
> 倾心尝试养育孩子。
> 母亲,
> 这特殊的名词,
> 安抚着孩子眼中的苦楚,
> 担负起无上的职责。

照顾者与孩子之间存在着基本的不对称关系,这确实是十分令人痛苦的。从客观的角度来看,照顾者也只是过着复杂的生活,尽力完成抚养任务的普通人而已。但是，从孩子的角度来看，照顾者就被无限地放大了。这少数几个脆弱的人类就塑造了孩子关于爱和关心的概念。

这可谓是父母和子女之间的难题，却是心理学家的福音。我们很难测试童年早期对物理世界的理论与成人理论之间的延续性，因为似乎所有成人的理论都会指向并聚敛为同一个。但是，近来有大量证据表明，关于爱，成人也像孩子一样，有着形形色色的理论。[14]

心理学家们借助各种不同的渠道获得了这种结论。例如，访谈被试，了解他与父母的关系；让被试列出描述对自己重要的他人的形容词；请被试就自己的恋爱史填写问卷，或者可以简单地观察人们在机场与爱人告别时的行为。[15] 例如，我曾看到30岁的儿子在登机口用近似于他1岁左右时的告别方式挥别一位年轻貌美的女士。

爱的经验对我们的影响

就像孩子一样，有的成人就算不是十分准确至少也是自信地认为，自己在过去和未来都会被深爱着。而有的成人甚至会避免想到过去或未来的爱。例如，他们会说自己只是不记得小时候父母如何对待自己了，而在面对恋爱的压力时，他们也会转而沉溺在电脑和电子数据之中。还有的成人会担心自己对爱的需求总是超过所能得到的爱，害怕自己付出的爱会被拒绝而不是得到回报。例如，在登机口外，有的人会黏在爱人身边，直到不得不走进登机口的最后一分钟；而有的人则会试图尽己所能地让告别变得简短而不痛苦。

爱的经验对我们的影响是长远、细微而让人无法觉察的。

在另一项惊人的实验中，塞雷娜·陈（Serena Chen）及同事让一组研究生写出对自己重要的他人，即他们所爱之人，尤其是父母的具体特点，同时写出他们认识但不爱的人的具体特点。[16] 几周之后，再请同一组被试参与另一项看似毫无关联的实验：让被试阅读其他学生的速写，记住其中所描述的内容，并说说自己如果遇到速写中所描述的人，会有怎样的感受。

被试们并不知道，第二项实验中所使用的人物速写包括了他们在第一项实验中所描述的重要他人的许多特征。例如，如果他们曾描绘自己的母亲个子比较矮，风趣幽默，会做很好吃的千层面，那么，在第二项实验中出现的描述就是娇小、有趣的美食家。对于类似于重要他人的人物特写和其他人的普通特写，被试的反应截然不同。首先，被试会假设在第二项实验中看到的这些人物在其他方面也会与自己的重要他人雷同。例如，他们会认为那个风趣、娇小的美食家也像自己的妈妈一样急性子、不拘小节，尽管在描述中并没有出现这些特点。

其次，被试对待速写中不同人物的态度也反映出他们对重要他人的感受。例如，如果被试与母亲十分亲密，那么，他也会愿意见到与妈妈很相似的女孩；而如果被试说母亲总是在批评自己，那么，如果见到母亲的虚拟分身，被试就会感到很焦虑。但是，当第二项实验中看到的人物近似于第一项实验中描述的"认识但不爱的人"时，上述现象便不会出现。最郁闷的是，这些实验证实了所有女性的怀疑：我的另一半在内心深处真的把我当成了他的妈妈。

可见，内在的爱的理论影响了我们对其他成人的期待，并且似乎还影响了我们对待自己孩子的方式。在一项研究中，心理学家对即将迎来第一个孩子的准爸爸、准妈妈们进行访谈，让他们讲讲自己童年的故事，特别是描述爱的体验。[17] 待孩子降生之后，心理学家再观察这些被试如何处理与孩子的分离。结果发现，这些新爸爸、新妈妈当初叙述的童年往事可以直接预测他们对待孩子的行为。这再一次验证了我们最坏的担忧：在内心深处，我真的就像我妈妈！

这些研究揭示了一些十分有趣的现象，从中可以发现，与知识的具体内容相比，我们获取知识、信息的方式同样很重要。正如我们所预期的，实验中那些侃侃而谈父母多么爱自己的准爸爸、准妈妈们，更容易养育出安全型依恋的孩子。但同时，有一些倾诉自己的童年多么糟糕的成人，对自己的过去也会形成深刻的、反思性的、专注解决问题的看法；而有些人只能获得零碎而混乱的印象。

有的人虽然声称自己与父母关系并不好，却会以一种有思考、有组织的方式来叙述这段经历。他们能够连贯地讲述童年早期经验如何塑造了现在的自己。这种连贯的因果关系图的好处在于让人能够接纳各种反事实，想象世界可能在哪些方面会有所不同。而这也正是这些成人们所做的：他们理解自己的父母如何养育自己，并设想自己可以采取哪些不同的方式。令人振奋的是，这类人更有可能与自己的孩子建立起安全的依恋关系。而另一类人虽然表面上肯定父母很爱自己，却记不清任何具体的情况，说不出任何细节。这类父母就不太可能养育出安全型的孩子。

当然，最明显、最重要也是最难的问题就在于，童年早期关于爱的理论如何影响了我们之后对爱的看法？婴儿时期对母亲特定而隐性的看法与成年后对广义的爱的清晰认知之间有什么样的关系？有许多追踪研究记录了被试从童年到成年近20年，有的甚至30或40年的经历，[18]其中大部分研究结果都表明，童年经验与成年后的依恋风格之间存在着极强的相关性。

但也有例外。有许多人在婴幼儿时期属于焦虑型或回避型依恋关系，但成年后却成了安全型的、充满爱意的父母；有的人刚开始时属于安全型，之后却演变成了非安全型。就像此前曾提及的那些家长，他们深思熟虑地解释了自己不幸福的童年，但在面对自己的孩子时就会尽量避免重走自己父母的老路。

通常，在其中起关键作用的是一种全新的经历，它将改变孩子对爱的看法。例如，新认的养父母，或耐心亲切的老师，或热情待客的朋友、家人，等等，这些都能改变非安全型依恋的孩子。但是，无法避免地失去爱，如父母生病、死亡、离婚，也都会让曾经属于安全型依恋的孩子拒绝再相信爱。

与爱有关的理论类似于其他理论，都体现出了延续性和变革性。童年早期的信念会塑造我们今后看待世界的方式。想想之前的实验，被试错误地认为某个女孩身上有自己母亲所有的优点和缺点，尽管这个女孩只有一些小习惯与他的母亲相似。童年早期建立了特定的理论，那么，之后也更容易接纳相似的理论，但是，如果接触了特别有说服力的反例，那这些理论也可能被完全颠覆。

这是从认知角度来看的"风险"与"恢复"现象。早期的童年经验会影响我们的信念，进而影响我们的行动，进而再塑造我们的经验，如此等等。消极的早期经验会导致我们面对出现同样消极的后期经验的风险。但人们也有可能从消极的经验中恢复。如果充分地获得爱的新经验，即便是最根深蒂固的看法，也会发生改变。罗马尼亚孤儿的例子就很好地证明了这一点。

上述许多观点听起来很像弗洛伊德学派的论调，事实上，依恋理论的创立者，约翰·鲍尔比（John Bowlby）的确受到了弗洛伊德理论的深刻影响。很显然，就像皮亚杰一样，弗洛伊德也提出了与童年有关的许多真知灼见。而研究依恋的学者们往往会采取类似于弗洛伊德理论的看法，认为童年早期的经验，尤其是与自己父母有关的经验，可能会塑造之后的情感模式。同时他们认为，这种塑造过程大多是无意识的，我们并不会意识到自己对妈妈的看法影响了我们对昨夜认识的那个女孩的反应。此外，依恋关系的研究者们也得出了同样惊人的等式：早期对父母的亲子之爱与之后对爱人的情欲之爱是等同的。

但其中也存在差异。当代发展心理学家的研究早已不仅仅依赖于对临床病人的叙述的解释了；相反，他们会开展谨慎、辛苦、耗时的实证研究。所以，尽管研究所得的现象也许会具有弗洛伊德式的特点，但理论解释却是不同的。弗洛伊德认为，塑造我们本性的根本力量是生理驱动力，是不断涌现的心理能量之源，我们应当通过抑制或转移注意来分散或疏导这些力量。按照这种看法，我们对于世界的认识将会被这些无意识的驱动力所决定，往往还会因此而被扭曲。

心理学经常受到技术性隐喻的影响，而在认知神经科学看来，心智似乎更像一台计算机，而不像一部引擎。我们的大脑被设计为可以直接通达对世界的准确认知，并能运用这种认知来有效地改造世界，至少从整体上和长远来看是如此。同样的计算能力和神经功能既让我们发现了物理和生物现象，也让我们发现了爱。

与其像弗洛伊德那样说孩子会对母亲有性欲，倒不如说，成人希望从自己的情欲对象那里获得母爱。我们会爱自己所照顾的孩子，而相应地，这些孩子也会爱我们。事实上，正如我们会看到的，我们也爱那些帮助我们照顾孩子的人。近期的研究表明，在爱孩子与爱配偶的事实之间，存在着一种具有进化意义及发展意义的联系。这种爱让童年得以存在。爱孩子就像性与繁殖一样具有深刻的进化意义，但这种爱同样也超越了生母与孩子或性伴侣之间的关系。不仅是对于母亲、父亲、孩子而言，甚至是对所有人而言，与爱有关的理论都至关重要。

超越母爱的爱

依恋研究表明，人类婴儿会依恋许多人，而不仅仅是自己的母亲。这反映出一种更加宽泛的进化事实，即人类对孩子的关心并不仅仅局限于和自己有直接遗传关系的血亲后代，而是拓展得十分广泛。在人类历史的大多数时期，负责照顾孩子的并不仅仅是母亲或父亲，而是扩展到祖父母、哥哥姐姐、姑姑婶婶、堂表亲戚、朋友，最终扩展到整个社区。事实上，当代美国中产阶级社会中很不正常的一点就是，参与照顾孩子的人实在是太少了。这也就解释了为什么那些偶尔试图参与照顾孩子的人会显得手忙脚乱。在绝大多数时候和大部分地方，养育子女被认为是自然而然的事情，然而，许多现代家长似乎将此视为必须经过学习才能掌握的另一种专业技能，而没有什么比伴随学习而来的考试更令人焦虑和痛苦的了。

漫长的未成熟期，是人类独特的进化策略，这意味着家长和人类族群中的其他成人都必须在孩子身上倾注极大的、长时间的投入，而所带来的回报不仅能让个别家长获益，更能让整个族群获益。

的确，哪怕是与最近似人类的灵长类动物相比，人类也在更大的程度上追求进化生物学家所谓的社会性一夫一妻制[19]和合作养育[20]。也有一些种族，无论出于何种原因，都需要在后代身上投入大量的抚育资本，远远超过仅由母亲所能担负的投入，在这类种族中，社会性一夫一妻制和合作养育也很普遍。其中，一夫一妻制常见于鸟类之中，在哺乳动物中却略微少见，这就意味着，人类会与另一个人建立密切的社会纽带，并且共同抚育后代，这与企鹅、天鹅、田鼠相类似。在此，男性与女性之间的关系不仅仅是性伴侣，他们也将成为社会同盟，成为配偶。

在社会性一夫一妻制之下，父亲们往往就是他们所抚育的孩子的父亲，所以他们对自己的后代会有一种具有遗传意义的关心。但是，符合社会性一夫一妻制的种族几乎从来不遵守交配意义上的一夫一妻制。近期的DNA研究表明，即便是天鹅，也会胡乱交配。动物的许多交配活动都不是与自己的配偶进行的，许多父亲养育的也不是自己亲生的孩子。遵循社会性一夫一妻制的种族有时还会与同性别的伴侣一起抚养孩子，纽约中央公园动物园里那对著名的同性恋企鹅就是典型的例子。鸟类似乎特别容易遵守社会性一夫一妻制，因为孵化后代的过程十分漫长，期间，鸟蛋需要得到持续不断的温暖，并且很容易因为捕食者的到来或意外而夭折。

在许多灵长类动物、海豚、大象和一些鸟类中，都存在着合作养育现象。如果由母亲来承担育儿工作，那么，族群中的所有雌性成员，就算不是孩子的血亲，也会在育儿的过程中发挥主要作用。例如，狐猴和叶猴都有年轻的雌性成员做孩子的"保姆"。狐猴母亲外出觅食的时候会将自己的孩子留给其他年轻的雌性狐猴来照顾。而母象们甚至会轮流负责照顾幼崽。此外，也有父亲或双亲共同承担的合作养育行为，但这在鸟类中更常见，而在灵长类动物中则较为少见。

从进化的角度来看,合作养育行为十分有趣,因为这就像许多利他行为一样充满了矛盾。为什么要花费很多精力来照顾别人的后代呢?合作养育的种族会表现出一些鲜明的特征。例如,在母亲每次只能生育一个后代,并且只有少数孩子能够安然长大的情况下,合作养育行为便会出现。采取合作养育制的动物会在相对较小的、联系密切的群落生存,有复杂的社会行为及合作行为,尤其还有强烈的育儿需求。此外,就像鸟类中的社会性一夫一妻制那样,在一位母亲照顾过多孩子的情况下,合作养育也大有裨益。例如,我们可以在猴子中看到大量的合作养育行为,在进行长途跋涉时,如果母亲不够强壮,无法负担自己的所有孩子,便会有其他成员来相助。

生物学家认为,对这些种族而言,合作养育有着多种多样的广泛好处。如果不借助于同类,有的种族确实就无法养育孩子了。帮助同类的同时也确保了你的种群基因能够在更广的范围内被保留下来。这种互惠的利他主义意味着,你会帮助我照看孩子,作为交换,我也会帮助你抚养孩子,我们都能获益。此外,需要承担合作养育任务的族群成员会自己学习并练习如何抚养孩子。也许,在不同的种族中,上述诸多因素会以不同的方式交互作用。

人类正处于所有这些生态学策略分配的末端。通常,我们一次只生一个孩子,一生之中也许会有大约 12 个后辈;我们有着复杂而密切的社会关系网,并且有很多合作行为;当然,我们的孩子也有特别强烈的需求。人类的不成熟期极为漫长,这段时间既让孩子学到了许多,也需要成人提供特别仔细和持久的照料抚育。所以,我们会比与自己关系最近的灵长类"亲戚"类人猿表现出更明显的一夫一妻制和合作养育行为。

在某些方面，人类与企鹅更相似，而不像猩猩，尽管我们的孩子所面临的挑战是长久的人类学徒期，而不是南极漫长的寒冬。就像企鹅一样，我们也和一些特定的配偶分担育儿任务，在需要的时候，还会有其他人参与进来，共同承担育儿的责任。尽管在援手到来之前，我们偶尔也会觉得自己就像企鹅一样，似乎也在寒冷和黑暗中度过了长不可耐的一段时间。

人类拥有漫长的未成熟期，这种进化策略甚至已经在人的一生之中拓展延续。[21] 人类女性在达到生育年龄之前需要经历长久的童年期，同时，在生育能力消失之后也还能继续生存，这是前所未有的。我们的寿命比猩猩更长，而且从历史发展的角度来看，智人似乎也比其他原始人类活得更久。其中也许有一种共同进化的双重效用。人类生长时间表上的一点点细微变化，就让我们拥有了需要经历漫长学习期的孩子和能够帮忙照顾孩子的祖母，甚至所有慈爱的老年女士。

理解爱，并且将爱传达给孩子们，这并不仅仅是父母会有的狭隘关怀，更是生而为人的广泛意义。当然，人类能够做出改变，这种能力让我们很难厘清自己的观点和情感中究竟有哪些方面是建构而成的，哪些是学习和想象的结果。

人类真的能够断定，互相帮忙照顾孩子是很好的创意，即便这种观点并未存在于我们的基因之中。但纵使在最基本的进化层面，人类似乎也会对孩子投以特别广泛而博大的关怀。

这种关怀反映出一种深刻的人类本质，即人类孩子发挥着更加宽泛的作用，不仅是复制、再造父辈的遗传基因，更在于让我们能够积累知识，适应新环境，创造自己的环境。人类群体中的每一个成员都会从这些能力中获益。

生命像天气一样无法准确预知

综上可见，早期童年经验对之后生活的影响至少体现为两个重要的方面。其一，正如第6章所述，孩子的早期童年经验会带来一系列因果互动作用，从而将他们塑造为有着独特性格的成人。其二，正如本章所述，这些早期童年经验也会带来一系列连续的理论，让孩子成长为有着独特世界观的成人。但这些联系都是会发生改变的。

科学家们正在着手整理其中一些复杂的互动关系。我们渐渐开始了解了掌控着这些因果关系的原则。但是，科学知识绝对无法让我们预测家长的言行将如何影响孩子20年后的生活。当然，所有家长都想知道这个问题的答案。

歌手们往往会用天气来比拟生命，例如蔚蓝天空、四月阵雨之类。这种类比也许刚巧抓住了童年经验对之后生活的影响方式的核心特点，这种方式与我们近乎痴迷地查阅育儿指导书所获得的答案完全相反。我们无法确定诸如卡特里娜飓风之类的暴风雨灾难是否由排放二氧化碳导致，也无法预知年内是否还会有类似的飓风再度侵袭新奥尔良。但是，通过分析二氧化碳排放量与气象模式之间复杂的统计关系，我们能够发现，排放二氧化碳确实会影响天气。同样，这类分析也能告诉我们，童年经验确实会影响此后的人生。

我们也可以由此预知，通过立法来保障设备完善的幼儿园，将降低未来的犯罪率；正如我们能够预测，立法控制二氧化碳排放量能够降低飓风到来的频率。

但对每一天、每一个地点而言，天气始终是可描述的、自传性的内容。譬如弗吉尼亚·伍尔夫和沃尔特·司各特爵士（Sir Walter Scott）之类伟大的日记作者，或者哪怕是坚持每天写日记的人，都会以记录天气特点为开始，像是晴或阴，雨或风。而孩子们真实的个体生活也更像是这种独特的、无可替代的叙述，而不是某个方程式的解答或运用公式就能获得幸福和成功。

拥有过去很重要

我们还可以以另一种更具哲学意义的方式来思考童年经验与之后人生之间的关系。此前，我已经阐述了年幼的孩子与成人以何种方式来统合自己不断变化的人生。从四五岁开始，我们就已经认定自己有一个单一的、持续不变的身份。无论我有多大变化，无论是从贫穷变为富有，从激进变为保守，还是从放纵变得自制或再重归旧路，我仍然会认为这些变化都是发生在"我"身上的。过去的历史是构成"我是谁"的关键部分。没有这一段历史，我将不再是自己。

有趣的是，即便是脑部严重受损的病患，也不会中断这种身份认同感。脑损伤会导致人们无法建立新的记忆，并且会令人遗忘受伤之前刚刚发生的事情，但是，脑损伤绝不会让人忘记自己此前的全部人生。例如，老年痴呆症患者即使已经全然忘了如今在自己身边的人，也会残留着很久以前的遥远记忆，这是他们唯一还记得的。在肥皂剧或情景剧中常见的那种某个人完全遗忘过去的现象并不真实。例如，罗纳德·考尔曼（Ronald Colman）头部受到重击后就忘了自己是谁，这只会存在于《鸳梦重温》（*Random Harvest*）之类的电影中。

事实上，如果人们真的表现出了这种肥皂剧惯用的遗忘症，那只能说明他们正有意在试图逃避自己。有时，当人们遭受极大的不幸时，或者希望逃离自己当前的人生时，他们会表现出失去记忆的行为。例如，著名的侦探小说家阿加莎·克里斯蒂（Agatha Christie）就曾经在旅馆房间里非常诚恳地说，她不知道自己是谁。这看似奇异，解释起来却非常简单：当时，克里斯蒂刚刚发现自己挚爱的丈夫出轨了。她并没有遭受脑损伤，相反，她只是不想再做自己了。

在连续一贯的身份认同感中，自传式记忆的经验明显发挥了重要的作用。但是，也正如我们所知，自传式记忆通常不够准确，并且总是由人建构的。事实上，正是因为我们有统一的身份认同感，才能够体验到自传式记忆，而不是相反。

我们与自己的过去

我们与自己过去的关系远远超越了自传式记忆，其中蕴含了更加深刻、更加形而上学的东西。以电影《全面回忆》（*Total Recall*）的小说原著、科幻小说家菲利普·迪克（Philip K. Dick）所写的奇妙故事《批发记忆》（*We Can Remember It for You Wholesale*）为例，其中，有一家公司能够将细致具体的快乐记忆移植到你的大脑中，如巴黎之旅、幸福的爱情、成功的冒险。当然，同时也会抹去你对此次手术的所有记忆。但这种生意只有在科幻小说中才可能存在，在现实中一定会破产。我们所想要的不仅仅是巴黎之旅的记忆，从更深层次上来看，我们希望拥有这段记忆，是建立在自己真的到过巴黎的基础上的。过去必须是真实的才行。

或者可以想象类似的电影《美丽心灵的永恒阳光》(*Eternal Sunshine of the Spotless Mind*)，其中，同样令人毛骨悚然的公司将主角对不幸的爱情生活的记忆全部抹掉了。在现实中，这样的生意当然也会破产。很少有人愿意消除自己的回忆，哪怕是过去发生的最不快乐的事情，尽管我们也许希望将其尘封，但也不会愿意看到它从记忆中消失。在南非等地常见的"真相与和解法庭"就是这种哲学真理的集体化体现。**承认过去真实发生的事情，无论是好是坏、自己承认或在集体面前承认，对我们而言都极为重要，哪怕这对当前的生活并没有直接的影响。**

从进化的角度来看，这种对过去的关注十分令人困惑，正如将精力投入在过去的反事实中一样让人迷惑不解。既然过去的已经不可能再改变，那我们究竟为何如此关心过去呢？对此的答案是一致的。**拥有过去很重要，因为它使我们得以拥有未来。**为了进行计划并开始行动，为了设想充满变化的未来并实施干预使之实现，我们需要更多地关注未来那个"我"的命运。

尤其是当未来的自己与现在的自己判若两人时，这一点体现得愈发明显。例如，在延迟满足实验中，4岁的孩子希望5分钟后的自己能够吃到两块饼干，希望明天的自己在去沙滩游玩时戴上墨镜。少女希望未来的自己能够离开家或生一个孩子，尽管她目前并不愿离家或生孩子。如果青少年们认定不会有未来的自己，那他们就更倾向于破坏现在的这个自己。又如，甚至在50岁时，我也会希望未来的自己能够有足够的退休金来颐养天年，并且希望未来的自己能够不再教书,虽然现在还不想放弃教书。最值得注意的是,如果未来的我发生了剧变,没有继续生存的价值,那么,我会希望"她"能够放弃生命。现在的自我会为未来的自我付出极大的牺牲。

但是,由于未来总是不断地转变为过去,所以,这种牺牲奉献就是双向的。同样的心理策略既指明了未来的重要性,也强调了过去的重要性。事实上,甚至还有很好的神经科学证据表明,自传式记忆与想象未来的能力密切相关:当我们重构过去和设计未来时,大脑中活跃的区域是相同的。[22]

> 无论其进化的或神经科学的起源是什么,这种对过去的投入都会对当下的生活产生深刻影响。可以说,童年真正地决定了成年后的生活,这不仅是从复杂的因果互动或者一系列可能性的角度而言,更是从一种严格而实际的意义上来说的。

关于童年生活的记忆和信息正是自我认知的一个组成部分。尽管这些记忆和信息可能是痛苦的。战争前,田园牧歌般的幸福童年只会让稍后的黑暗岁月显得更加黯淡无望;而记忆中经常打骂孩子并且酗酒的妈妈至今仍会让那个有着幸福家庭的成功父亲心悸不已。但是,抛弃这些记忆就意味着"我"变成了另一个人,不再是"我"了。

当牵涉童年记忆时,过去经验的重要性就显得具有一种独特的道德深度和尖锐性。我们能够控制自己成年后的经验,思考反事实的可能性,并自发自愿地采取行动来实现这些可能性,而这些行动会导向渐渐成为过去的、不可更改的事实。回顾这些事情时,我们或骄傲或愧疚,或满足或遗憾,因为我们知道自己正是为此负责之人。

转瞬即逝的童年

孩子无法像成人一样控制所发生的事情，家长或其他照顾者才更有责任来控制发生在孩子身上的事情。当然，这是好的。因此，孩子能够以玩耍性的、不受约束的方式自由地探索，而这对知识和想象来说非常重要。但如此便意味着，照顾者对自己孩子的童年生活负有极其特殊的责任。

我无法断定我的儿子长大成人后会有何境遇，我不知道他们是否会进入加州大学伯克利分校就读，也不确定他们是否会娶到好妻子。但是，我能够决定当他们还是孩子时所发生的事情，我可以确保带他们去绿树成荫的游乐场玩耍，并且让他们进入一间有很多沙箱，有宠物金鱼和玩具的幼儿园；我可以保证他们有机会在海边野餐，在壁炉的火光前喝热巧克力。而且，至少在某种程度上，我可以确定他们将会有一个好妈妈，尽管这比带他们去野餐或给他们喝热巧克力更难。

对于自己孩子成年后的生活，我们只能控制其中一个很重要的方面，即我们能够决定孩子长大后是否能记得绿树成荫的游乐场、野餐和深爱自己的父母。

> 我们无法保证让孩子获得幸福的未来，在此，我们唯一能做的仅仅是努力提高这种概率。但是，我们至少能够保证让孩子获得幸福的过去。

这适用于集体，也适用于个人。当然，有许多父母，按照最新的统计数据，大约有 20% 的父母，他们所拥有的资源极其有限，以至无法保证为孩子提供上述任何一种活动,无论他们是多么渴望能做到这一点。那么,我们便应当担负起集体的责任,为这些无助的孩子提供同样幸福的"过去"。

当政策制定者在权衡早期干预、普惠性的高质量幼儿园和医疗照顾,或者类似于"启智计划""启蒙计划"之类的早期教育项目时,他们会参考早期童年经验对此后人生的直接因果作用。而且,事实上,当我向记者或政策制定者强调这些早期教育项目时,我也会拿出一些统计数据来证明概率的变化,证明早期干预能提高成年劳动者的生产能力,降低用于控制犯罪的支出。就像其他人一样,我也会说"当前的投入"、"未来的回报"或"孩子当下的生活是为了实现未来的目标"之类的论调。

但是,如果认为孩子应当要健康,成年后才会更有生产能力,或者认为孩子应当要快乐,成年后才会不太具有暴力倾向,这似乎显得有些夸张。如果世界上有什么是大家能够一致赞同的,那除了确定无疑的善、绝对化的道德和以目的为目的之外,那便是孩子自身的幸福与健康。应当理解,所有人都会认为,让孩子生病、痛苦、受到虐待,就只能是毫无疑问的罪恶。

假设我们正在考虑应当为这个世界培养什么样的成人,那很显然,**让人们能够带着自己印象深刻的幸福童年度过一生,这与培养出稍微聪明一些、富有一些、不那么神经质的成人同样重要。**

看着自己的孩子日益成长,正如我们所说,孩子们似乎一瞬间就长大了,父母们通常都会有一种焦虑感。我们会从孩子身上看到极其灵活的、不确定的、具有可塑性的未来迅速地确定下来,变成无法挽回的、不可更改的过去。日本的诗人用"物之哀"来描绘稍纵即逝的美丽中蕴含的苦乐参半,如凋落之花、风中之叶。孩子,便可谓是"物之哀"的典型来源。

但是，童年的短暂也具有两面性。幸福的童年能赋予人一种免疫力，不是由前方道路上几乎总是会有的灾难与变故所带来的免疫力，而是一种本质的、固有的免疫力。人生的常态即是变化无常，但作为父母，我们至少能够给孩子一个幸福的童年，那就像一切人性之善一样，是如磐石般确定无疑、不会改变的馈赠。

08
道德的起源：
共情与规则

我们可以借助实证科学来回答许多哲学问题。但是，道德问题似乎例外。道德问题关乎世界的应然状态和我们应当如何做的问题。而科学问题则涉及世界的实然状态和我们实际的行为。因此，对年幼的孩子进行科学研究看起来似乎根本不可能回答任何道德问题。

事实上，直到最近，在大多数哲学家和心理学家看来，认为孩子能告诉我们有关道德的知识，这种观点似乎是很疯狂的。当然，孩子确实是无涉道德的典型生物。发展心理学家皮亚杰和劳伦斯·科尔伯格（Lawrence Kohlberg）认为，即使是年龄较大的孩子，也无法理解道德，直到青春期他们才会渐渐形成真正的道德观念。[1] 在那之前，孩子对于是非善恶的概念只与奖励、惩罚和社会传统有关。例如，父母让自己做的就是对的，会受到惩罚的就是错的。事实上，科尔伯格认为，只有少数成人能够达到真正的道德推理水平。

近年来，一些心理学家提出了相反的看法，他们认为道德是先天具有的。[2] 据此所阐述的道德，类似于诺姆·乔姆斯基对语言的解释。早在更新世时，普遍的道德直觉就已经开始进化发展了，这种直觉约束了我们一生的道德思考。正如乔姆斯基所认为的，在看似不同的各种语言内部应当有一种普遍的语法规则，同样，在表面的文化差异掩盖下，也存在一种普遍的道德语法规则。我们甚至能从幼小的孩子身上看到这种内在的道德规则。

此外，也有人赞同这种先天论调的另一种说法。他们认为，道德来源于感觉而非认知。道德根深蒂固地存在于我们与生俱来的、固化的情感反应[3]之中，只会受到自我有意识的归因影响而稍稍改变。就像乔姆斯基的语言观一样，这种观点也没有涉及道德思考中的变化、道德发现与道德成长这些典型的人类特征。

新的发展研究表明，孩子确实能体现出一些道德特点，但是并非如皮亚杰理论或乔姆斯基理论所说的那样。我们可以看到，孩子积累的知识的确有先天的基础，但是，他们同样有很强的能力来认识世界、改变世界、改变自己。我们也知道，认识世界和想象世界可能变成什么样子，二者是齐头并进的。

新的研究结果发现，孩子在很小的时候，甚至从出生那一刻起，就已经拥有了一些道德根基。但是，这种根基并不是先天的、不可更改的"道德语法规则"，也不是一系列固定的情感反应。相反，随着对世界的认识和对自己认识的加深，孩子以及我们自己的道德思维都会渐渐改变。正如孩子生来就拥有关于世界的理论，并能够改变这些理论，他们生来也就有确定的基本道德观念，同时也有很强的能力来改变自己的道德判断和道德行为。

道德取决于我们潜在的对自己和他人的基本认识。例如，"黄金法则"以及"你想让他人怎样对待自己，便要怎样对待他人"或"爱邻人如同爱自己"等，就假定人们能够从他人的角度换位思考。是否责备或追究责任，取决于对行为是否进行有意的区分，就像在法律学说中需要对犯罪意图进行辨别一样。法律体系中同样假定，我们有道德义务去遵守某些规则。皮亚杰认为，孩子没有真正的道德知识，因为他觉得孩子无法从他人的角度来思考，不能判断他人行为的意图，也不会遵守抽象的规则。

但是，现代科学研究表明，事实并非如此。孩子从出生起便已经具有共情能力。他们能够识别他人，并且知道他人会分享自己的感受。事实上，孩子的确能够对他人的感觉感同身受。例如，1岁的孩子知道故意的行为和不是故意的行为之间的区别，并且能够以一种真正利他主义的方式来行动。3岁的孩子已经形成了关心和怜悯的基本伦理规范。

3岁的孩子也能够理解规则并试图遵守规则。理解和应用规则让我们能够超越自己先天的共情本能。但这类共情反应也让我们得以改变所遵守的规则。共情与遵守规则，爱与法律，二者相结合便赋予了我们独特的人类道德。

研究年幼的孩子有助于解释为什么我们常常友善待人，同时也能够解释为什么我们有时对待彼此如此恶劣。对孩子的探究有助于我们阐明道德缺失现象和自身的道德脆弱性，同时也能说明道德的成功。从年龄尚幼时起，孩子就已表现出与成人类似的愤怒和报仇冲动，他们会将人分成不同的社会群组,并且偏爱自己所属的那个社会群组,而且,哪怕规则既荒谬又武断,孩子也能够遵守。

模仿与共情

新生儿会模仿成人的面部表情。[4] 起初,这似乎只是一个很有趣但不重要的现象。我们通常觉得模仿不是一种"强大而深刻的认知能力"。相反,我们认为这种现象只是一种更浅显的纯粹模仿而已。但事实上,童年早期的这种模仿揭示了孩子与他人之间深层的、先天的共情联系。

新生儿从未见过自己的脸庞。为了模仿特定的面部表情,新生儿必须在某种程度上将表情与感觉体验联系起来。例如,他们必须先将别人伸缩舌头的模样与别人的心理感受联系在一起,才会模仿着伸出自己的舌头。新生儿会以某种方式意识到,自己舌头的感觉是像妈妈的舌头那样在动。孩子生来就知道,特定的面部表情会反映出特定的感受。

特别的是,面部表情同样反映了情绪情感。从波士顿到婆罗洲,人们都会用一组特定的表情来表达某种特定的情绪:比如用扬起嘴角、笑眯眼睛来表达快乐和幸福,而用龇牙皱眉来表达愤怒。就像模仿伸舌头的动作一样,婴儿也会模仿这些情感表现。[5] 如果婴儿会自动地将面部表情和相应的内心感受联系起来,那么,他们也同样能将表情与情感联系起来。

此外,只是做出一种情绪化的面部表情就已经能让人感受到相应的情感了。[6] 例如,微笑能让人感到快乐。所以,模仿也可以作为一种情感指导。例如,我看到别人笑了,所以自己也笑了,接着我的内心深处会感到快乐,我猜想别人也同样快乐。

对婴儿来说，模仿既是先天共情能力的表征，也是延伸完善这种共情能力的工具。小婴儿会对母亲的快乐或痛苦感同身受，而且，他们也能认识到自己的骄傲就是妈妈的骄傲，自己的厌恶也等同于妈妈的厌恶。

当婴儿更加了解心理的工作模式之后，他们就会自发地把这种发现套用到自己和他人身上。他们会假定，自己的心理活动原理与别人一样，反之亦然。1岁的孩子所了解的就已经不仅仅局限在情感上了。正如我们此前所看到的，这些孩子已经开始理解愿望和意图了。他们既会模仿他人的感受，也会模仿他人的愿望。例如，在此前的实验中，如果实验者愿意用自己的头去碰盒子，从而让盒子发光，那么，无论这看起来有多怪异，孩子也会模仿。18个月大的孩子甚至还会模仿成人尚未实现的目标，如果他们看到你试图拆开管子但没有成功，那他们自己也会试着去拆拆看。他们能够理解，别人就像自己一样，也会有愿望和目标。

到两三岁时，孩子就获得了较为准确的心智理论，他们认识到别人的行为模式和自己一样，例如，得到自己想要的东西就会感到高兴，反之则会难过。

共情需要人们不仅意识到自己的情感和他人情感之间的相似性，同时对他人的情感也感同身受。而在模仿别人的面部表情、行为或意图时，这些感受、行为或意图也就成了你自己的亲身体验，就好像你也经历着同样的心理活动，而不是漠然地袖手旁观。所以，当孩子看到别人表情悲伤、让盒子发光或试图拆开管子时，他们自己也会感到悲伤，也会采取同样的行动让盒子发光或试着拆开管子。

一些神经科学家和许多科普作家都认为，共情以及诸如利他主义、艺术、语言等人类能力都深植于某种特定的神经细胞之中，这就是所谓的镜像神经元。[7]当动物自身表现出某种行为时，或者当看到同类表现出相应的行为时，这类神经元便会发射信号。

这种看法几乎肯定是错误的。其一，镜像神经元的研究只在猴子身上进行，但猴子并不会真正地模仿同类。因此，不能说由于猴脑中有镜像神经元，所以猴子也会有在人类婴儿身上普遍存在且极为强大的模仿能力。其二，猴脑中的镜像神经元可能只是行为的结果，而不是导致行为发生的原因。当猴子移动自己的手掌时，它会看到有一只手掌正在移动，久而久之，移动手掌的感觉就会与手掌移动的视觉形象联系在一起，而这种联系就反映在神经元发出信号的方式之中。其三，我们确实知道，大脑中的某些区域如何发挥作用，让我们能够完成检测形状之类的任务。而且，即便是最简单的人类能力，也是上百个不同类型的神经元进行复杂互动的结果。大脑中确实有什么发挥了作用，才让婴儿能够模仿，但那绝不仅仅是单独的镜像神经元。

无论共情作用的神经学源头在哪里，我们都能够设想它是如何成为道德行为的动机的。如果婴儿看到别人痛苦就真的会感到痛苦，那么，他就会想办法采取行动减轻别人的痛苦，就像减轻自己的痛苦一样。而如果婴儿看到别人快乐，自己也会快乐，那么，他也许就会尝试把这种快乐传递给更多的人。这看似很自私，却是利他主义的有效基础：我尽力缓解别人的痛苦，因为这让我觉得好受一些。

共情作用也许还会通过另一种方式来促进利他主义的产生。婴儿可能看不到自己的痛苦和他人痛苦之间的区别。也许，他们只是想要终结这种痛苦，无论它碰巧发生在谁身上。对婴儿来说，痛苦就是痛苦，快乐就是快乐。道德思想家们，包括大卫·休谟、马丁·布伯（Martin Buber）都认为，通过共情来消除自己和他人之间的界限能够巩固道德。我们都知道，在生命的最初5年里，孩子会慢慢形成对于不断分化的"自己"的概念。

当然，作为成人，父母确实已经建立起了分化的"自己"的概念，能够将自己与他人区分开来。但在与婴儿的互动中，这种概念会消解。在童年早期那种亲密的面对面互动中，父母是关键的另一方。而且很显然，我们对孩子的痛苦有所反应并不仅仅因为我们想要令自己好受一些。相反，孩子的痛苦直接扣动我们的心弦。我们确实会感受到孩子的痛苦，就像自己亲身经历着同等的痛苦一样。缓解孩子的痛苦，这种冲动就像缓解我们自己的痛苦一样自然而直接。孩子与成人间这种直接的、与生俱来的、充满爱意的互动消解了自己与他人之间的界限。相应地，孩子也会有同样的感受。

共情与依恋相伴而生。共情最先发生在婴儿与他们所爱之人亲密的面对面互动中。在亲子之爱中存在着一种特殊的道德强度。仅仅是决定关心这个独特的孩子个体，就自然而然地导致这个孩子成了我们最深层的道德关怀焦点。父母通常会为子女牺牲自己的睡眠、时间、快乐，甚至生命。而依恋研究则表明，婴儿只与少数几个特定的、爱着他们的照顾者建立密切联系。

对于特定的孩子，我们会付出直接的、深刻的、忘我的、无尽的关怀，而这个孩子也会爱我们、关心我们，这深深地烙印在进化规则之中。只有依靠无条件爱着自己的亲密家人，无助的小婴儿才能存活下来。但无论源自何处，在最深刻的意义上，这种亲密的关心就是道德关怀的范例。众多道德导师都会不断地提及爱，这绝非偶然。

有时，模仿和共情也会带来恶劣的言行而非善意的举止。正如快乐会带来快乐，悲伤会带来悲伤一样，看到别人愤怒，我们自己也会开始生气。如果说，相互分享欢笑能自然而然地激发善举，那么，让彼此的愤怒叠加并循环滋长显然就只能导向暴力了。幼儿大部分的攻击性行为都属于这类"被动性的攻击"，即认为别人对自己产生了威胁，所以表现出攻击性行为、愤怒，甚至暴力行为。

事实上，攻击性的孩子能够很快地感知他人的愤怒。[8] 假如在拥挤的操场上，一个孩子撞了另一个孩子一下，那么，普通孩子都会认为这只是个意外，但是，被动攻击性的孩子就会认为，别人是故意撞自己的。这类孩子想当然地认为别人是愤怒的，是对自己有威胁的，所以，他们也会回以愤怒和威胁。在他们看来，自己并不是坏孩子，只是奋起反抗其他坏孩子而已。

在社会互动中，这种恶性循环很快就会愈演愈烈。我们不断发展的理念将会强化早期用愤怒来回应愤怒的这种共情反应。有研究表明，学龄孩子能够在几分钟内很快地判断出另一个孩子是否很坏。如果是，那他们就很可能会采取恶劣的态度来对待这个孩子。很显然，这种做法又强化了那个攻击性孩子认为每个人都不会善待自己的看法，与之相应，他就会表现出更具攻击性的行为，如此循环往复。在童年时，这种互相攻击暂时还不会导致真正的身体伤害，但是到了青春期以后，这种被动性攻击的恶性循环再加上成熟的生理、不稳定的激素分泌、未成熟的前额叶皮层抑制功能、容易获得的武器，便导致了侵袭美国高中校园的自伤式暴力行为。

这种校园悲剧与巴尔干半岛和中东地区那种十分棘手的不满与复仇行为之间，并没有太大区别。可见，如果情绪性的模仿支撑了我们最好的冲动，那它同样也会强化我们最糟糕的弱点。

超越共情的道德

共情是形成道德的基础，但道德远远超越了共情。毕竟，在别人受到伤害时，你在一旁啜泣不会有任何实质性的帮助，这种纯粹的共情仅仅是道德上的自我放纵而已。利他主义的真正核心在于，即便自己没有对他人的痛苦感同身受，也会想办法缓解他人的痛苦。此前，我们已经看到，14个月大的孩子会通过共情来假设你所喜欢的东西和他们喜欢的一样，在西兰花和饼干之间，他们会把自己喜欢的饼干递给你。而18个月大的孩子则会意识到，你会有不同的感受，你想要的东西也和他们不一样，所以，如果你喜欢西兰花，他们便给你西兰花；如果你喜欢饼干，他们便给你饼干。这些较大的孩子知道，你也许不会想要他们想要的东西。

然而，一旦这些孩子认识到别人的愿望，他们就会理所当然地认为自己应该帮助别人达成愿望。例如，在能够理解别人的表现之后，他们很快就会自发地把别人喜欢的食物递给他。在此，黄金法则在更高的层次上发挥了效用：正如我试图得到自己想要的东西一样，我也会尽力帮助你得到你想要的，哪怕你想要的东西很怪异，例如西兰花。

也有一些研究发现，这些年幼的孩子是真正无私的。在近期发表的一系列研究中，费利克斯·沃内肯（Felix Warneken）指出，即使是14个月大的孩子，也会尽力尝试帮助别人。[9]

例如，如果他们看到实验者竭力去拿一支根本够不到的笔，他们就会很贴心地帮实验者拿笔。事实上，这些孩子需要摇摇晃晃地绕过房间，爬过两三个垫子才能拿到那支笔。当看到别人痛苦时，年幼的孩子不仅会感到难过，而且也会试图安慰别人，轻轻拍拍他，亲亲他，努力让情况变得好一些。例如，由于工作压力的关系，有一次我回到家就放声大哭，我2岁的儿子听到了，立刻跑去拿了一大盒创可贴给我。我突然意识到自己如此挚爱、关心的孩子也发自内心地想要照顾我，这真是让人无比感动。

年龄较大的孩子可以借助因果推理和反事实推理的能力来令别人快乐。例如，在我们的实验中，18个月大的孩子知道，实验者如果得到西兰花就会很快乐，而如果得到的是小鱼饼干，那他会很厌恶。所以，如果要让实验者快乐，最好还是给他西兰花。又如，孩子知道，实验者想要笔，才会伸手去够它，并且他们觉得自己应该爬过一堆垫子，绕到房间的另一头去帮实验者拿笔。孩子甚至还知道，创可贴可能会让妈妈感觉好一些，而它们就放在卫生间里。2岁的孩子已经会设想自己能够做些什么来让别人快乐，或者缓解别人的痛苦了。

这些孩子不仅表现出了真正的道德行为，而且他们也会做出真正的道德判断。

思维实验室 THE PHILOSOPHICAL BABY

朱迪思·斯梅塔娜（Judith Smetana）[10] 曾做了一项让人吃惊的研究。他让2岁半的孩子观看一些很简单的日常生活场景，其中有的场景展示了一些违反幼儿园规定的行为，例如，孩子们没有把衣服折好后放到小格子里，或者孩子们在午睡时偷偷讲话。而另一些场景则展示了真正导致他人身体或心灵受到伤害的行为，例如，孩子们打别的小朋友，捉弄别人，或者偷吃小朋友的点心。斯梅塔娜让被试孩子回答：这些违反规定的行为到底有多坏，是否应该受到惩罚？然而最重要的一点是，斯梅塔娜也让被试孩子回答：如果规定不同，或者这些行为发生在别的幼儿园，是否可以？如果所有老师都允许的话，午睡时可不可以说话？如果所有老师都允许的话，可不可以打别的小朋友？

甚至连最小的孩子都能区分违规行为和伤人行为。他们认为，破坏规定和伤害别人都不对，但是伤人更不对。他们也说，规定是可以改变的，如果在别的幼儿园，规定可能就不一样了。但是，孩子们都坚持认为，伤害别人就是不对的，无论规定怎么说，无论你在哪里，都不应该伤人。

不仅在实验的假想场景中，而且在幼儿园真实发生的场景中，孩子们也会做出类似的判断。我们只要观察孩子们在操场上自然进行的互动，就能够窥见一斑。他们对于伤人行为和违规行为的反应极为不同，对此，无论是在维京群岛、韩国、哥伦比亚还是美国，孩子们的反应都是一样的。而令人心酸的是，甚至连遭受虐待的孩子也认为伤害别人本质上就是错误的，这些孩子亲眼看到自己的父母施暴伤人，也知道受到伤害会有多痛，由此认为这种行为根本不对。

尽管上述研究发现是很令人吃惊的，但研究结果所揭示的现象与共情和利他主义的早期发展是一致的。18个月大的孩子不仅能够共情，而且是无私的，他们能感受到他人的痛苦，并试图帮助他人缓解痛苦。所以，这些孩子也能够很轻易地判断伤害别人始终是并且必然是错误的。

道德观缺失的精神变态者

然而，有一类人无法分辨违规行为和伤人行为。他们也无法立即对他人的感受产生共情反应。这类人被认为是精神变态者。[11] 神经科学家詹姆斯·布莱尔（James Blair）研究了被囚禁在最高设防的监狱里的重刑罪犯。他采用的研究方法是我所见过最令人生畏的。他发现，即使在这些谋杀犯和强奸犯之间，仍然存在差别。有的罪犯属于冲动犯罪，他们仅凭一时的激情或怒气就犯下了不可弥补的罪行。而另一类罪犯则属于精神变态者，他们从不会对自己的罪行感到愧疚。表面看来，这些人往往很有魅力，他们口才极佳，并且善于操纵别人，但是，他们完全不觉得别人也是值得关心的。

布莱尔发现，精神变态的成人或有此类倾向的孩子，行为有别于普通人或普通学龄前孩子。在看到恐惧或悲伤这两种最令人不安的面部表情时，哪怕很小的孩子，也会因此而感到不安，但这类人通常毫无反应。事实上，精神变态者甚至很难辨识出恐惧和悲伤的表情，但他们能够毫不费力地指认出生气或厌恶的表情。

他们甚至连大脑反应也与常人不同。恐惧和悲伤的面部表情通常意味着伤害，大部分人在看到这类表情时，大脑中被称为杏仁核的特定区域便会活跃起来。但精神变态者的杏仁核不会有任何动静。而且，有精神变态倾向的孩子不仅仅会表现出普通孩子的那种被动性攻击行为，他们不仅会在感受到威胁时猛烈攻击别人，而且会冷酷无情地利用暴力来获得自己想要的一切。例如，如果不准看电视，那么，有精神变态倾向的孩子很可能会威胁说他会杀死家里的宠物。

然而，最令人震惊的是，精神变态者即便已经成年并且才智聪慧，也无法理解伤人行为和违规行为之间的差异。如果对他们提出斯梅塔娜在实验中让孩子们回答的问题，精神变态者并不会觉得，与违背特定规则相比，打人的错误要更严重。对于这类道德问题，他们的反应不仅不同于普通的成人，甚至不同于普通的罪犯，甚至连普通的3岁孩子都不如。

即便是小婴儿，也能在情感上认同他人，但精神变态者显然做不到。他们不是不能理解他人，在心智理论任务中，他们同样能够很好地预测他人的愿望或信念。事实上，对他人的了解往往使精神变态者特别善于操纵人心。相反，他们只是不能体验到别人的恐惧或悲伤，并且不会像对待自己的恐惧或悲伤那样来对待别人。

其实，没有道德观念的似乎是精神变态者，而非小婴儿。幼小的婴儿知道，他们自己的恐惧与悲伤就是你的恐惧与悲伤，而他们的快乐也就是你的快乐。甚至更进一步，孩子也觉得自己应该安抚他人的恐惧和悲伤，并帮助他人得到他们想要的东西。他们会运用自己对于世界和他人的因果知识来有效地完成这些事情。而且最后，也是最深刻的，孩子会以一种与生俱来的道德感来对待自己的这种感受。例如，他们知道，无论如何，伤害别人就是不对。这种道德理解无可避免地将判断与感受、理性与情感混合到了一起。

失控电车困境

这种早期形成的道德理解是十分核心的，它为哲学中两种最伟大的道德理论提供了坚实的基础。"功利论"和"道义论"是哲学中的经典区分。杰里米·边沁（Jeremy Bentham）和约翰·斯图尔特·穆勒（John Stuart Mill）之类的功利主义者认为，基本的道德原则就是不计一切代价地令大多数人获得最大利益。而像康德之类的道义论者则认为，无论其结果如何，特定行为的是非对错都是固有的、先天决定的。

失控电车困境（trolley problem）[12]是这两种对立观点的典型范例。

你看到一列失控的有轨电车冲向障碍物，如果撞上去，前方的5个人就会死亡。此时，你可以拉下开关，让电车冲上另一条轨道，虽然这样一来，电车就会撞死轨道上的1个人，但可以救下5个人。你该怎么做？

大多数人都认为应该拉下开关，这是功利主义的答案。现在，再假设一个不同的问题版本：你注意到有一个虎背熊腰的人正站在跨越轨道的天桥上，如果把这个人推下天桥，让他摔在轨道上，他的身体就能挡住电车，救下所有人，请注意，牺牲的这个人块头很大，可以挡住列车，但你却不行，如果你自己跳下天桥是救不了任何人的。那么此时，你该怎么做？在这里，人们又会做出康德式的回答：无论如何，把陌生人推下天桥，让他死亡，这绝对是不行的。

两种观点的对立是一种经典的哲学论争。无论在哲学、心理学还是神经科学领域，人们都对这个问题做了大量的探究，有时还将其称为"电车学"。普通人不同于哲学家，他们似乎希望两全，有时选择功利主义的答案，有时则表现得像个道义论者。而令他们在两种选择中摇摆不定的诸多因素也许是十分微妙的，正如在电车问题之中。

然而，从童年的角度来看，这两种观点之间的共性要比差异更令人惊讶。一方面,"伤害他人是不对的",这种固有的道义论的反应根深蒂固地存在于童年早期的共情行为之中。而另一方面,功利主义的反应则源自孩子对他人的认同。我们究竟为何应当关心别人的利益?为什么要操心轨道上的5条生命?其中,即便是最"理性"的功利主义判断,也已深植于对他人的情感认同之中。可以说,功利主义者和道义论者一样,都希望让别人快乐。功利主义者的口号"让绝大多数人获得最大利益"和道义论者的标语"不伤害",就像是一枚硬币的两面,二者都是对黄金法则的细化。即便年纪最小的孩子,也已经具有了这种基本的道德态度。

扩大道德关怀的范围

共情源自亲密行为,但真正的道德推理则需要我们超越对所爱之人的直觉的、直接的反应。早期的共情行为有赖于亲密的个人接触,这种接触能够令我们看到别人脸上流露出的忧伤或快乐。这是照顾者与孩子之间亲密关系的一部分,是人类曾感受到的亲近而深刻的亲密关系。然而,人类甚至不可能与超过150个人始终保持联系,[13] 更不用说爱这些人了。而道德决策,例如对全球变暖问题的决策,往往涉及千里之外数以百万计人的福祉。所以,仅仅依赖于直接的情感联系是不行的。在某种程度上,我们需要将自己的情感延伸给那些远在他方、看不到也摸不着的人。我们必须关心自己压根儿不认识的人。

反事实和假想能够帮助孩子学会关心他人。毕竟,斯梅塔娜实验中的那些孩子不会继续对真实的情感有所反应,就像小婴儿一样。尽管如此,这些孩子就像小小的功利主义者,他们会将自己的道德关怀拓展到假想的操场上那些假想的孩子身上。

另一种扩大共情范围的方式是界定人的类属，界定值得自己付诸道德关怀的生命。我们知道，婴儿不会模仿纯粹的机器行为，他们不会总结一把钳子有什么目的，也不会试图帮助这把钳子达成目的，但是，当机器的行为体现出一些人性化的标记时，无论这看起来有多么怪异，他们也会模仿。例如，在之前的实验里，幼儿对着奇怪的棕色机器小人说话，当机器小人不断地发出"嘟嘟"声来回应时，孩子就会模仿机器小人的行为，并把这个奇怪的机器小人当作人来对待。

思维实验室 THE PHILOSOPHICAL BABY

我在加州理工学院做访问学者时，认识了索尼公司从事机器人开发工作的一些科学家。他们所开发的机器人就像我们常见的机器人一样，也有很多金属构造和电线连接，但是，这类机器人能够通过发出"嘟嘟"声来与人对话，就像在模仿实验中提及的那种棕色机器小人一样。索尼公司的工程师们把这类机器人放到了幼儿园教室里，并录下了几个月内发生的事情。结果发现，当学龄前孩子看到机器人翻转摔倒时（这会经常发生），他们就会像对待别的小朋友一样，小心地扶起机器人，帮它拍拍灰，甚至还会亲亲它，试图让机器人感觉好受一些。

很多研究都表明，婴儿已经能够将人，哪怕是奇怪的棕色小人或是电子机器人与其他物体区分开来。通过建构一个总体的、可辨识的"人"的类属，孩子就可以将自己对妈妈或爸爸的共情体验泛化到更广泛的生命体上。所以，他们会模仿机器人，并且能够像理解别人的愿望和意图一样，理解机器人的愿望和意图。而且，至少依照记录的资料来看，孩子还会对机器人表现出关心和利他行为。孩子们会认为，即使自己和陌生的小朋友或机器人并不熟悉，也应该关心他们。

所以，我们会对那些被认为和自己很相似的人表现出道德关怀。但这也有消极的一面。我们也有可能拒绝把某些人归纳到自己认定的"人"的类属之中。同理，人类会拒绝对认定不同于自己的人们表现出道德关怀。人们会像对待人一样对待纯粹的机器，也会像对待纯粹的机器一样对待他人。可见，人类有一种抹杀人性的倾向，对此，最令人担忧的证据来源于社会心理学研究中所谓的"小群体"[14]现象。如果把人们武断地划分为不同的组别，那么，"内群体"就会否定"外群体"的人性，并厌恶"外群体"中的人。

例如，让一群大学生分别戴上红色羽毛和蓝色羽毛，很快，戴红色羽毛的学生就会开始倾向于与同样戴红色羽毛的学生为伴，并且判定戴蓝色羽毛的学生和自己不是一类人。所以，根本无须什么矛盾冲突或压迫的历史，只要赋予两组人不同的名称，就足以令他们彼此仇恨了。而且事实上，这种"亲密的残忍"或是人们屠杀左邻右舍的最为臭名昭著的一些例子，都与这种类似"红羽毛"和"蓝羽毛"的族群划分有关。

其中，最令人毛骨悚然的例子是著名的斯坦福监狱实验。菲利普·津巴多（Philip Zimbardo）[15][①]，一名极有野心的社会心理学家，他在年轻的时候，以斯坦福大学很普通的学生作为对象进行了一次实验，他武断地为这些学生分配了"囚犯"和"看守"两种角色。在很短的时间内，"看守"们就开始残忍地迫害"囚犯"。克里斯蒂娜·马斯拉奇（Christina Maslach）是我在加

---

① 菲利普·津巴多是享誉全球的心理学大师，他凝聚 50 多年第一手教育经验所著的《津巴多普通心理学》（原书第 7 版）的中文简体字版已由湛庐文化策划、北京联合出版公司出版。——编者注

州大学伯克利分校的同事，她当时还是津巴多的女友。马斯拉奇说，她观看了实验的录像资料，被"看守"们的可怕行为震惊了。于是，她坚持让津巴多停止实验，而津巴多也立即意识到应该终结了。

很小的孩子就已经能将人类同伴划分为不同的组别。大约3岁，也极可能在婴儿期时，孩子就知道可以将人们分为不同的种族、性别，甚至不同的语言组别。而且，无论是明显的还是含蓄的，这些年幼的孩子已经表现出了对他们认为与自己相似的人的偏爱。[16] 哪怕成人不断强调，对待非裔美国人、女孩、说西班牙语的人，或者白人、男孩、说英语的人要一视同仁，但孩子们仍会青睐与自己很像的人。近来的几项研究指出，即便是在完全武断的分组中，孩子也会表现出这种偏爱。[17]

例如，与红／蓝羽毛分组实验相对应的3岁孩子表现：这些3岁的孩子告诉实验者，他们更愿意和头发颜色或T恤衫颜色与自己一样的小朋友一起玩，不愿意和那些衣服颜色与自己不一样的小朋友一起玩。在另一个以四五岁孩子为对象的实验中，实验者给被试孩子随机穿上红色或蓝色的T恤衫，之后，让这些孩子看一些图片，图片中的孩子也分别穿着红色或蓝色的T恤衫。很典型的，被试孩子会说，图片中T恤衫颜色和自己一样的孩子看上去更友好，自己愿意和这个孩子一起玩。

看来，孩子们似乎已经能够感知各种标志着某人属于某个群体的标记，例如，不同的外貌或衣着、不同的行为举止等。对此，细微差异的影响反而超过了明显差异的影响，例如不同的T恤衫、口音、肤色的影响就超过了是机器人而非人类的影响。这也很符合我们成人的行为，宗教或种族的微小差异也许比其他明显差异对我们的影响更大。

将其他人划分为不同的群组，这让我们能够决定如何延伸自己的共情行为。在这种很抽象的意义上，同时，也在更直接而亲近的意义上，只有那些与我们极为相似的人才配得到我们的道德关怀。如此而言，我可以将自己的关怀泛用在机器人身上，但也可以毫不关心那些穿蓝色T恤衫的讨厌家伙。

对与自己很像的人感到有更多的道德关怀，这是错误的吗？诸如历史上一些种族灭绝大屠杀之类的残酷例子也许会让人这么认为。但经典的哲学传统，无论是功利主义还是道义论，都坚持认为道德关怀应当是普遍的、无区分的。对功利主义者而言，最大限度的利益应当归于每一个人；对道义论者而言，故意伤害任何人，哪怕是伤害陌生人，都是不对的。

但是，其他哲学家指出，我们的道德生活是具有特殊性的。[18] 毕竟，我们会感到自己肩负着特别重大的责任，应当让自己的孩子或父母不受伤害，并且让他们更加幸福。我可能会觉得有责任为生病的兄弟捐出自己的肾脏，而不是捐给陌生人。我们也会讨厌那些自诩为道德卫士却不好好对待家人的人，而且，我们也会把自己的这种特殊的关怀感延伸到整个社区或民族。至少，你可以争辩说："我觉得自己有特别的义务，应当按时交税，支持其他的美国人或加利福尼亚人或加州大学伯克利分校的同事。"有时，这种将亲近的人或"我们的人"与陌生人区分开来的冲动是正确的。

尽管如此，从历史上来看，大多数道德进步都涉及扩大我们道德关怀的圈子。就美国而言，法律体系已经渐渐发展，赋予了妇女以及非裔美国人全面的道德地位。而从国际范围来看，人权运动则试图拓宽法律的范围，以囊括世界上的每一个人。而动物权利运动则正处于扩展道德关怀运动的边缘，相关人士论证指出，对道德地位的延展应当超越人类自身。

孩子与规则

有的哲学家认为，道德关乎判断，是关于"什么是好，什么是坏"的信念。有的哲学家则认为，道德关乎情感，是愤怒、愧疚、厌恶、骄傲、羡慕、敬畏的情感。我们在孩子身上看到的利他行为确实包含了很强的情感因素。但是，另一种理解在于，道德首先关乎我们应该如何做的问题。道德与抉择有关。

对人类而言，包括对年幼的孩子而言，认识世界不可避免地与改造世界结合在一起。借助所获得的理论，我们能够思考世界的各种可能性。无论是思考物理世界还是思考心理世界，也无论是改造世界、改造他人还是改造自己，都是如此。

如果获得知识会导向改造世界，那么，我们就需要自问：应当做出哪些改变？反事实思维必然会带来抉择：决定做某事而不做另一事，实现世界的某些可能而不是另一些，成为一类人而不是另一类人。一旦你能够进行反事实思考，那么，即便毫无作为，也将成为一种选择，即你选择放弃那个只要你稍微勤快一些就能创造出来的世界。而一旦我们进行了抉择，决定了某些选择要比其他选择更好或更坏，那么，我们就逐渐靠近道德推理了。因为我们正在决定的就是自己应该做什么。哲学家们将此称为"规范"推理。

道德推理是合乎规范的，但其他类型的推理也合乎规范。生活中的应然既涉及严肃的道德责任，比如"我应该为孩子牺牲自己"，也涉及简单的实践理性,比如"我应当选择最低利率的信用卡",同时还涉及纯粹的规矩,比如"我应该把叉子放在左边"。借助因果思考,我们知道如果做某事而不做另一事会带来什么样的后果;规范性思考则告诉我们应该选择做某事。

合乎规范的推理建立在规则的基础之上。做选择是很难的,这意味着要权衡所有关于我们的愿望和可能的后果之间的复杂信息,之后再做出唯一的决定。**而遵循规则会让选择的过程变得容易一些,同样还可以将我们此刻、过去和未来的决定统一起来。**例如,我无须每次都权衡估量是做瑜伽练习更有好处还是靠在长沙发上浏览网页更有好处,因为我已经建立了规则:每周一、三、五晚上做瑜伽练习,做完之后才能更衣打扮,做其他事情。

规则也让我们得以将自己的选择和他人的选择统一起来。如果所有人都遵守同样的规则,那么,我就能够预测你将如何选择,并做出和你一致的选择。例如,在加州大学伯克利分校,有一条规则是所有教师都必须教授一门本科生的大课。这样一来,不仅确保了本科生的课程有人教,而且平分了工作量,避免了每年9月开学时各方复杂的争论。

规则还有另一种好处。通常,只要我们所有人的做法都一样,那具体怎么做并没什么关系。例如,只要规则统一了,那么,无论是靠左边开车还是靠右边开车,使用红灯是表示停止还是通行都可以。但是,无论我们决定选择哪种方式,都需要确保其余所有人都做出了同样的选择。那么,规则就有助于我们统一这类选择。

我们也许会觉得自己遵守规则是因为不想因破坏规则而遭受惩罚,或者因为我们接受了一种理性的说服,认为这些规则是为我们好。但是,遵守规则的冲动是更深层的，它似乎是人类特质中先天存在的一个部分。事实上，许多规则都没有涉及明确的惩罚或奖励，而且许多规则至少从表面上看来是武断而不合理的。这些规则只关乎我们此时此地、在特定的时间和场所的行为。例如，叉子放在左边，汽车靠右通行，只有周五才能穿牛仔裤。但我们却本能地遵守了这些规则。例如，即使在加州大学伯克利分校，我也从不在师生午餐会上用手吃饭，绝对不会穿睡衣来做讲座，如果有人这么做的话，我会感到很惊讶。

在拓展我们直接的情感性道德反应时，规则往往是一种特别强有力的方式。 我们仅凭道德直觉就知道，打人是错的，帮助别人是对的，即便很小的孩子，似乎也知道这一点。但是，当涉及那些塑造着生活的更加复杂而微妙的善与恶，尤其是涉及集体的善与恶时，情况又如何呢？导致善恶后果的诸多事件往往很复杂，绝对不像"拳头打到下巴"之类的因果联系那么简单。例如：我们如何阻止全球变暖带来的危害？我们如何确保产前健康护理的裨益？解决这类问题不能只靠一个人的力量，而是有赖于数十人、上百人甚至数百万人以协调一致的方式采取行动。

> 人类为了让更大的群体获得利益而采取一致行动的能力是我们最大的进化优势。这种能力取决于人类制定和遵守规则的独特倾向。

模仿行为的研究表明，孩子会潜移默化地接纳合乎规范的规则。18个月大的孩子还会过度模仿。[19] 例如，一个婴儿看到成人以一种毫无必要的复杂方式来发动一个机器，转三圈，移动按钮两次，最后再按下压杆，婴儿就会模仿成人表现出的所有特别的摆动、铃声、口哨声等。相较而言，黑猩猩似乎更有理性，它们会直接按下压杆，以最有效的方式解决这个问题，而不会采取示范者的那种复杂方式。但人类这种特殊的模仿冲动是遵守规则的基础。你会模仿着转三圈，移动按钮两次，只是因为这就是人们在此做事的方式。[20]

到 3 岁时，孩子能够更准确地理解规则，并且表现出惊人的复杂思维。斯梅塔娜的实验之所以有趣，一方面是因为研究结果表明，孩子能够理解带来伤害的品行和规则的道德之间的差别；另一方面是由于这个结果也揭示出，孩子理解规则的本质。孩子们确实认为，破坏规则是不对的，他们只是觉得这种错误不同于伤害别人的错误。孩子们知道规则可以变更，但他们也知道必须遵守规则。

此外，孩子也理解规则的基本结构。[21] 规则包括了责任、禁令和许可。当规则指明责任时，就必须按照规则所示来行事；当规则指明禁止的行为时，就绝对不能有这种行为；当规则提出许可时，你便要独立决定自己是否采取这种行动。例如：吃点心前必须洗手；绝对不能在你喝的牛奶里吹泡泡；午睡后，如果你愿意的话可以去荡秋千。

亨利·威尔曼在查看记录了孩子自发对话的儿童语言数据交流系统时发现，连 2 岁的孩子也已经开始恰当地谈论规则、义务、禁止、许可了。3 岁的孩子甚至会这样说："如果我们去野营，那我们应该制作一艘自己的独木舟，这样，我们就可以不必付钱，驾驶着独木舟，想去哪里就去哪里了。"

事实上，与理解逻辑相比，孩子能够更好地理解合乎规范的规则。逻辑的推理涉及"如果 P，则 Q"式的推论。假如简说："如果我在屋外（P），我会戴上帽子（Q）。"之后，给孩子看 4 幅图画：（1）简在屋外，戴着帽子（P，Q）；（2）简在屋外，没有戴帽子（P，非Q）；（3）简在屋内，戴着帽子（非P，Q）；（4）简在屋内，没有戴帽子（非P，非Q）。此时，让孩子选出"简没有像她说的那样做"的图画，按照逻辑，正确的答案是（2），但孩子非常不善于做这类推理，他们很可能会随便选一个答案。

但是，如果让孩子进行规则推理，他们的表现就要好得多。例如，简的妈妈说："如果你要出门，就必须戴上帽子。"之后，再让孩子看此前相同的4幅图画。但这一次，孩子需要选出"简不乖，没有按妈妈说的做"的图画。同样，正确的答案还是（2），简站在寒冷的屋外，没有戴帽子。这时，即便3岁的孩子，也能找出这幅违背妈妈制定的规则的图画。此外，年幼孩子的这种能力是普遍的，无论是在尼泊尔、哥伦比亚还是美国、英国，不同国家的孩子都很善于理解规则的逻辑。

虽然年幼的孩子能够理解违背规则和导致伤害都是错误的行为，但是他们是否理解这些行为之所以是错误的，可能是由人们的思想和意图而造成，也可能是由人们的行为而造成？当我们因为某人违规或导致直接伤害而对其施以惩罚时，需要知道此人的行为是不是故意的。偶尔，即便某人并不是故意导致他人伤害，我们仍有可能对其施与惩戒。例如，纵使酒后驾车伤人的肇事者并不是故意要撞人，我们也会把他送进监狱。但是，在道德判断中，某些意图似乎是十分关键的。仍以酒驾撞人为例，毕竟，司机是有意地喝了酒，有意地开了车的。这就是犯罪意图的法理原则。

即便是1岁的孩子，也已经理解了人类的意图，并且能够将有意行为和无意行为区分开来。而且，甚至连小婴儿似乎也会依据人们的行为意图来责备他人。[22]

在一项实验中,一名成人和小婴儿玩游戏,他需要把一个玩具递给桌子对面的婴儿。在此过程中,成人偶尔几次拿着玩具不递给婴儿。有时,他只是简单地拒绝把玩具递过去;但有时,成人表现出愿意把玩具递给婴儿,却被其他无法控制的外力因素制止,例如打不开装着玩具的透明盒子。当成人故意拿着玩具不递过去时,9~18个月大的婴儿会表现得更加不耐烦,并开始哭闹;而当成人试图递给婴儿玩具却做不到时,婴儿的表现则不太急躁。

大约3岁的孩子在对善与恶进行基本的道德判断时就会考虑行为意图了。[23] 他们会说,故意推别的小朋友是不对的,但是如果你只是不小心撞到的就没有关系。同时,他们也能区分故意违规和无意违规的行为。在此前探究孩子早期合乎规范的逻辑认知的研究中,妈妈曾对简说:"如果你要出门,就必须戴上帽子。"实验者同样也问孩子,"简戴着帽子出门,帽子却被风刮走了"或是"简戴着帽子出门,然后自己摘掉了帽子",在哪种情况下,简是不听话的小孩?实验中年龄最小的3岁被试也能够正确地区分这两种情况。他们会说,故意违反规则摘掉帽子才是不听话的表现,帽子意外被风吹走就不算。

谁来制定规则

在我们对他人亲密的情感认同之中,以及我们由此产生的帮助别人和不伤害别人的愿望之中,蕴含着道德的核心。即使是小婴儿,也希望帮助别人。但是,仅仅有这种愿望仍然是徒劳的。要想成为有效的道德行动者,孩子还必须将这种冲动与他们对世界和他人的因果理解结合在一起。就像小小的功利主义者一样，孩子们需要想出最有效的办法，给别人带来欢乐或安抚他人的痛苦。而且，他们必须理解规则所具有的因果力量。

规则是控制选择的一种特别有效的方式，也是一种特别的心理原因。规则一旦建立，再让人们做某事，哪怕是很复杂的事或专制的事，例如纳税，也都会变得更加容易了。这样一来，我们无须说服、哄骗或强迫别人，也无须直接改变人们最初的愿望和信念，只要提醒大家遵守规则就可以了。

最重要的是，规则是可以改变的。年龄很小的孩子也已经认识到，尽管我们不能改变与助人和害人有关的基本道德原则，却可以改变规则。这赋予了我们一种典型的人类能力，即采取行动，让现实状况焕然一新。可以说，改变规则能够带来崭新的变化。

例如，运用人类强大的学习能力，我们发现了内燃机的原理，这便让我们完全改造了世界。合乎规范的推理告诉我们，汽车可以成为很好的东西，接下来，你瞧吧，20世纪就成了汽车的时代。但是，上千人在15米高的高架桥上以每小时95千米的速度驾驶着900多千克重的铁家伙，我们如何才能确保这些人的平安呢？于是，能够救人性命的、不可思议的交通规则便应运而生了。之后，我们借助同样强大的学习能力发现了新情况——全球变暖问题。于是，开车驾驶这种曾经看似极端有益的活动，似乎也变得有所危害。此时，我们能否改变关于开车驾驶的规则反映了我们对此的新认识。老一套的高速公路规则能够挽救生命，或许同样也可以挽救我们的星球。

关于开车，我们并没有任何与生俱来的道德直觉。城市越野车并不会令人先天就感到厌恶，尽管伯克利的一部分人表现得就像自己生来就讨厌这类车一样。但是，我们确实有能力学习，有能力制定新规则，有帮助他人和不伤害他人的基本天性。这些能力让我们能够对诸如驾驶汽车之类前所未有的人类活动进行道德判断。

有时候，我们可以运用自己制定规则的能力来扭转由进化决定的却十分有害的道德直觉。这正如我们能够运用自己的学习能力来扭转由进化决定的却不正确的物理学直觉一样。像是性忌妒或复仇的冲动，比如为了名誉而杀害通奸的妻子或侮辱邻居这种行为甚至被视为符合进化论的基础，这种说法从表面来看是合理的。这些直觉或天性都披上了一层道德的外衣，甚至还会在法律中占有一席之地。但是，当我们更为慎重地权衡了这些行为的善恶之后，就能够修正诸如此类由进化所决定的直觉。

通过建立一些元规则，我们能够掌控规则的灵活性。元规则即关于如何制定新规则、更改现有规则的规定。例如，民主原则就是一种元规则，也是人类最符合道德规范、最具有心理意义的发明。但在其他时间和场合下，规则可能是通过共识或协商而决定的。或者，我们也可以委派专家或更有知识、更有力量的人或干脆很普通的人作为代表，赋予他们制定规则的权力。

对于十分幼小的孩子来说，家长和教师就是天生的规则制定者，没有任何绝对的规则会比妈妈的一句"因为我这么说"更可怕。但年纪较大的孩子就已经开始彼此协商规则了。例如，5岁的孩子会自发地发明有规则的游戏。这些游戏并非那些无聊的成年人的游戏，而是不知为何就在操场上流行起来的游戏，例如壁球游戏和跳皮筋。这类游戏能教会孩子如何制定规则，而那些对"谁出局了""谁得分了"等问题无休止的协商讨论就是对法庭辩论和立法机关辩论的提前演练。

正如模仿行为和将人划分为不同社会群组的冲动一样，遵守规则也会有道德上的利与弊。当某些规则最初的功能已经消失殆尽之后，人们仍然会继续遵守这些规则。在此，有这样一段趣闻：一位女士做母亲最喜欢的陶罐炖肉，她总是小心地按照制作规则进行烹饪，力图把肉炖得鲜美多汁。第一个步骤就是切掉肉的两端。一直以来，这位女士都分毫不差地按照这个步骤来做，直到有一次母亲进入厨房，看到她这样做并提出疑问之后，这位女士才意识到，原来母亲炖肉时之所以会切掉肉的两端，是因为当时用的锅太小了，放不下整块肉。[24] 在实际生活中，人们就是像这样传递并遵守了许多明显的道德规则。

其中食物禁忌就是一个很好的例子。当老鼠吃了某种食物后生病难受，哪怕只有一次这样的经历，它也绝不会再吃这种食物，这被称为加西亚效应（garcia effect）[25]。与之相似，如果有人哪怕只有一次吃某种食物后中毒了，那么，最后他一定会厌恶那种导致他中毒的食物，例如，有人吃了变质的海鲜沙拉后食物中毒，那么这个人之后就再也不吃龙虾了。人类学家丹尼尔·费斯勒（Daniel Fessler）认为，这就是食物禁忌产生的原因。[26] 一个很有影响力的重要人物、规则的制定者，如果他不吃龙虾，那么其他人可能不知不觉地就会效仿他。于是，禁忌就会成为惯例，甚至成为宗教或道德规则。

由于规则是迫使人们做某事的绝佳途径，所以，规则也就成了权力的来源。人们可能会强化那些服务于自身目的或者自己所处群体目的的规则，而忽略那些服务于大众利益的规则。又由于人类具有接受并遵守规则的本能，这就意味着，一些基于规则的非正义现象很容易长期留存。例如，个人欺凌或压迫一旦成为规则的一部分，那么，原本抵抗这些现象的人也可能会默默接受。我那害羞而聪明的二儿子长大后成了一名数学金融学专家,他告诉我,经济学者们流传的黄金法则是:"谁掌控黄金,谁制定规则。"

哈克贝利·费恩的智慧

制定规则赋予了我们一种特别强大的机能,借此,我们能够改变自己的行为并适应新的情境,但同时,对于善与恶的基本共情假定控制了这些改变,并保护着我们远离道德相对主义。几乎是相同的,对于学习的基本假定也让我们能够合理地改变自己有关世界的理论,但同时也保护着我们远离知识相对主义。我们会选择能够带来较好预期的理论,或是选择将会产生好结果的原则。由此,我们得以产生全新的理论和规则,而不会说怎样都行。

当然,上述两种情形尚有争论的余地。弄明白什么是良好的结果并不比搞清楚什么是良好的预期更容易。无论伤害别人抑或帮助别人,都不是直截了当的。也许,人们目前想要的东西在长远看来是有害的,或者由于没能意识到还可能有更好的生活,所以人们似乎很满足。然而,最核心的是,我们会依赖一些普遍的原则,这些原则早在小婴儿时期就已经根深蒂固了。我们也许无法赞同特定的规则是否会让情况好转,或者特定的理论是否会给出更好的解释,但至少,我们能够一致同意,这些理论和规则理应做到这一点。

> 对于帮助别人和伤害别人的行为,甚至连 2 岁的孩子也已经建立了一种直接的、直觉的、情感性的共情理解,这种理解深植于他们与别人亲密的互动之中。

这些孩子同样也理解自己应当遵守规则,但规则也是可以改变的。这两种能力共同赋予了我们一种极具人性的能力，让我们能够进行道德改革。而道德，就像人性中的其他内涵一样，深深地扎根于我们的进化史当中，但这种进化史最重要的特点在于，它让人类能够反思自己的行为并加以改进。

因为有规则，所以人们会表现出复杂而一致的行为，规则也令我们能够以有效的新方式来帮助他人。但是，亲密的、情感性的共情却能够改变最牢固的规则。如果发现一条规则会带来伤害而非裨益，我们便会拒绝它。在真实的生活中与真实的人进行面对面的互动会形成丰富而亲密的联系，如果我们感受到规则对此带来的伤害，便更容易拒绝它。

通常，回想婴儿时期亲密的共情，直接地体会他人的感受是改变他人行为最有效的方式。例如，我们抹杀了"群外人"的人性，这些人不像我们，不算是人。这种冲动是根深蒂固的，很难完全扭转。对此，最好的方法就是真正地和"群外人"变得亲密起来，意识到这些人其实和我是一样的。例如，有朋友是同性恋者的人往往更容易支持同性恋者的权利。个人体验是道德改革的有效媒介，通常比理性的论证更有效。

在文学作品中，马克·吐温（Mark Twain）的小说《哈克贝利·费恩历险记》讲述了共情如何改变规则的伟大的道德故事。这也是一个关于孩子的故事。哈克贝利·费恩 13 岁时从经常虐待自己的父亲那里逃了出来，路上，他遇到了杰姆，一个逃跑的奴隶，他们一起乘上了木筏在密西西比河上漂流。哈克贝利知道关于奴隶的种种规定，这些规定背后有着强大的传统、权力、法律和宗教做支撑。哈克贝利知道，按照规定，保护逃跑的奴隶等同于极其恶劣的偷窃。他也知道，违背规定的人将被判下地狱。但同时，哈克贝利认识杰姆，很亲近地、面对面地了解了杰姆，并对杰姆有着孩童般的孺慕之情。事实上，真正照顾着哈克贝利的人也正是杰姆，而不是他的亲生父亲。在小说中，情节发展到关键性的转折时，哈克贝利不得不决定是否将杰姆交给相关部门。小说是这样描写的：

> 我因此就心里乱糟糟，可说乱到了极点，不知道该怎么办才好。到后来，我产生了一个想法，我对自个儿说，我要把信写出来……然后再看我到时候能不能祈祷。这有多奇怪啊！我这么一想，就好像立时立刻身轻得如一片羽毛，我的痛苦和烦恼都在这时候飞到九霄云外去了。于是我找来了纸和笔，既高兴，又激动，坐下写了起来：
>
> > 亲爱的华珍小姐，你的在逃黑奴杰姆现正在比克斯维尔下游两英里地被费尔贝斯先生逮住了，你如把悬赏金额给他，他会把他交还给你。
> >
> > 哈克贝利·费恩
>
> 我觉得挺痛快，觉得已经把沉重的罪恶从身上卸下来了，这是我有生第一回有这样的感觉。我知道，如今我能祈祷啦。不过我并没有立刻就祈祷，而是把纸放好，坐在那里想来想去……想到了这种种的一切终于能成现在这个样子，这该多么值得高兴啊，而我又怎样差点迷失路途，掉进地狱。我又继续想，想到了我们沿大河下游漂去的情景。我见到杰姆正在我的眼前，片刻不离，在白天，在深夜，有时在月夜，有时在暴风雨中。我们漂啊漂，说话啊，唱啊，笑啊。可是呢，不管你怎么说，我总是找不到任何事，能叫我对他心肠硬起来。并且情况正好相反。我看到他才值完了班就替我值班，不愿意前来叫我，

好让我继续睡大觉。我看到，当我从一片浓雾中回来，在泥塘里又见到了他，在所有类似的时刻里，他是多么高兴，总要叫我乖乖，总要宠我，总要想尽一切方法为我设身处地着想，他对我始终如一这么好啊。最后我又想起了那一回的事：我对划拢来的人们说，我们木筏子上有害天花的人，因而搭救了他，这时他是多么地感激，说我是老杰姆在这个世上最好的朋友，也是他如今唯一的朋友。正是这时，我碰巧朝四周张望，一眼看到了那一张纸。

这可是个让人左右为难的事啊。我把纸捡了起来，拿在手里。我在发抖。因为我得在两条路中选择一条，而且永远也不能反悔。这是我深深知道的。我仔细考虑了一分钟，而且几乎是屏住了气考虑的，随后我对自个儿说：

"那好吧，就让我去下地狱吧。"……随手把纸撕了。

尾声

孩子与人生意义

我很爱圣诞节,并且总是充满热情地庆祝这个节日。每年,一到这个激动人心的时节,我总会把期中考试、教师会议、研究基金申请截止日期等琐事统统抛诸脑后,全心全意地来装饰巨大的圣诞树,往壁炉架上摆放可爱的小摆设,烘烤好吃的姜饼和圣诞烤鹅,唱圣诞颂歌,并且花大量时间来采购圣诞小礼物,做一切和圣诞节有关的事情。在我人生的大半岁月中,几乎都有孩子和我一起在家中生活,而孩子们又令圣诞节变得更加丰富多彩,尽管很矛盾的是,这往往意味着我必须花费大量精力来照看他们。这样过圣诞节,我所获得的是一种极具利己主义色彩的愉悦感,这种感觉甚至超过了想到孩子们会有多么喜欢我所做的准备时而感到的快乐,在这种强烈的愉悦之中,只会有一点点因为努力准备而感到的疲惫,也只会有一点点对孩子们到底是不是真正喜欢这样过节的担忧。

尽管我的曾祖父是一名虔诚而著名的犹太教学者,而我自己则成了同样坚定的无神论者,但是,我仍然无比热爱圣诞节。为了解决这个很明显的矛盾,我会告诉大家,我热爱圣诞节,因为毕竟这是一个庆祝诞生和有关孩子的节日,最动人的圣诞颂歌既是赞美诗,也是摇篮曲。我认为,没有什么比新生命更值得赞颂和庆祝的了。

在本书中,我已经阐述了对孩子的探究有助于解决许多深刻而古老的哲学问题,包括想象、真理、意识,以及身份认同、爱、道德等诸多问题,甚至在这些问题之上,还存在着我们称之为"人生意义"的问题,具有更广泛的哲学意义,或者说精神意义、宗教意义,这也是像我之类的学术性哲学家很少能应付的问题。究竟是什么让我们的生命变得有意义,变得如此美好而充满道德意蕴?有没有什么是我们比关心自己更加关心的?有什么能够超越死亡而永垂不朽?

对大多数父母而言,在日复一日简单而普通的生活中,存在着对上述问题的明显答案,即使这并非唯一的答案。那就是:孩子让我们的生命充满了意义和价值;孩子是美丽的,哪怕他们会长水痘、膝盖上会有擦伤、还随时流着鼻涕;孩子创造的语言和图画也总是美丽的;孩子是我们最深刻的道德难题和道德胜利的来源;我们对孩子的关心胜过了对自己的关心;在我们死后,我们的孩子会继续生存,这在某种意义上让我们变得不朽。

但奇怪的是,尽管这些感受十分普遍,但在哲学和宗教体系中却甚少论及。事实上,正是思考到死亡与不朽的问题,才令我初次注意到孩子在哲学论述中的缺席。10岁的时候,我第一次阅读柏拉图的著作,这改变了我的一生。到现在，我还能清晰地记得那本由企鹅出版社出版的书的破旧封皮，以及它如何令我立志成为哲学家。但是，在最初邂逅哲学时，我就已经产生了疑问。在这本柏拉图的著作中，最令我印象深刻的是苏格拉底在《斐多篇》中对于永生问题的辩论。就像很多10岁的孩子一样，或者，也像很多50岁的人一样，我一直很畏惧死亡，当然也在积极物色关于永生问题的良好论断。而苏格拉底指出，灵魂是一种复杂的事物，它不会从"无"中生出，也不会在"无"中消失，因此，在我们个人肉体的生命存在之前和之后，必定有着容纳灵魂的柏拉图式的天堂。

这一论断令我颇受打击，因为其中根本没有提及孩子。在我看来，似乎很显然的是，灵魂中至少有一部分是由你从父母那里继承的遗传基因和获得的观念所创造的，而且，在死亡之后，它也会通过你传递给孩子的遗传基因和观念而继续存在。当然，这种看法建立在苏格拉底并不了解的科学概念基础之上。但是，苏格拉底即便不知道遗传基因，也应该知道孩子呀。我承认，通过自己的孩子来获得永生并不必然是苏格拉底问题的答案，但是，他至少也应当尽可能地提一提孩子。

在那之后的2 500年里，哲学论述中也丝毫未见孩子的影子。关于人类本质的许多深刻问题都能够通过对孩子的思考来获得解答，而同时，对孩子的思考自身也会带来很多新的深刻问题。大多数父母，甚至只是与父母共同承担育儿任务的人，都会觉得孩子让他们的生命充满了意义。但是，人类历史上那些最伟大的思想家们却似乎看不见孩子的存在。

对此，一个明显带有历史性的解释是，苏格拉底是男人，在他之后的哲学家或神学家几乎也都是男人，而孩子往往出现在女人的领域中。于是，就像生命之中其他与女性有关的方面一样，孩子也成了哲学家们根本不谈论的话题。

但是，问题也可能是更深层次的。也许我们对于孩子的直觉确实过于狭隘，也过于个人化了，以至不能具有真正深刻的意义。毕竟，我的孩子只是我的。我对于自己孩子的感觉并不具备那种我们期待在精神直觉中体现出来的普遍性特质。我觉得我的孩子很美，但是，母亲们所爱的，哪怕只是孩子的那张脸，也仅仅是母亲自己会去爱的，就像情人眼里出西施。同样，从进化论的角度来看，这些直观的感觉可能仅仅是错觉。很显然，你会认为自己的孩子很重要，这只是人类进化的另一个策略，由遗传基因来复制自己。你的遗传基因会让你真正愿意照顾与自己有着相同基因的孩子。但是，这与普遍的人生意义毫无关系。

这是一个更深层问题的组成部分，那个问题时常困扰着研究灵性的科学家们。人类具有敬畏和惊愕的独特情感，同时也具有道德价值观和审美深度。人类有一种意义感和使命感，并且能直觉地感知到超越人类自身，还有更宏大的东西。然而，这些情感和直觉能否捕捉到关于世界的某些事实真相呢？从科学的角度来看，这类情感和信念，就像其他任何情感和信念一样，都是大脑活动的产物，并且拥有漫长的进化史。而通常，采取科学看法的话就会认为这些都是错觉，或者至少这些内容并不具备它们表面上看来的那种重大意义。

事实上，至少在大部分时候，大脑存在的目的就是向我们揭示真理。例如，当我看到面前有一张书桌时，我确定书桌就在那里的信念完全是由大脑活动所形成的，这些活动具有漫长的进化史。但是，我的面前确实有一张书桌，而大脑的活动也准确地向我揭示了这一事实。我可以运用这一信息作为导向，在真实的世界中采取真实的行动，比如，我可以把茶杯放到书桌上，而不会打翻。又如，当站在悬崖上往下看时，我会感到畏惧。我可以说出进化的历史和大脑的活动是如何共同作用产生这种感觉的，但并不意味着这只是种错觉。实际上，我应该感到畏惧，大脑正向我揭示某些与世界和我有关的极其重要的信息。可见，信念是塑造大脑进化过程的产物，这一事实让信念更具真实性，而不是相反。进化过程记录了真实的世界。

但有时，有一些直觉、情感和信念确实只是由大脑的错误联结和心智的故障而产生的。例如，月亮在地平线上时比在夜空顶端时看起来更大，或者月亮似乎会跟着我驾驶的车一起移动，或者月亮看起来似乎像一张人脸，这些确实就是错觉了。我们大体知道大脑是如何创造出这些错觉的。当看到无毒的菜花蛇时，我也会被吓得往后躲，这就是进化过程中遗留下来的失误。所以，重要的问题并不是我们的大脑中是否具有灵性的直觉（尽管确实有），而是这些直觉只是一些欺骗性的大脑联结，还是向我们揭示了关于世界和我们自己的重要的、有价值的、真正的信息？这些直觉究竟是像看到月亮上的人脸一样是一种错觉，还是像看到茶杯放在书桌上那样是一个事实？

我并不了解伴随着神秘的体验或宗教仪式而产生的灵性直觉，但是我的确认为，伴随着抚养孩子的体验而产生的意义感并不仅是一种由进化论决定的错觉，这种感觉不像看到月亮上的人脸或畏惧无毒的菜花蛇之类的错误。孩子确实能够令我们触及人类境况中最重要的、真正的、普遍的内容。

敬畏感

同大多数科学家一样，我也十分怀疑我们的生命或宇宙是否有任何终极的、崇高的、根本性的目的，无论我们是用拟人化的神还是用神秘的形而上学术语来解释，都是如此。但是在生命的历程中，我们显然可以指明在人类真实生活中真正意义的来源。

一种经典的灵性直觉就是敬畏感，这种情感是在我们自身直接的关切之外，面对极端丰富和复杂的宇宙时所产生的。这种体验就像夜晚站在户外，抬头凝视那数不尽的繁星时会有的感觉。这种敬畏感是最为卓越的科学情怀。许多同时是无神论者的科学家们认为这种感觉是对自己工作的完全、深刻、重要的奖励。科学家当然是有志向和抱负的，他们追求名望，渴望力量，也受其他不确定的动机所驱使。尽管如此，我仍然认为所有科学家，即便是哈佛大学最盛气凌人的、就像傲慢的银背大猩猩一样的学者，在看到未知世界还有如此多的现象需要我们去了解时，也会被这种纯粹的敬畏和惊叹所打动。

我已经阐明，孩子始终能够体验到这种感觉，这种如灯笼般照亮四周的意识。也许，他们是在看到会动的米老鼠玩具时产生了这种感觉，而不是像我们那样在凝视银河时才觉得惊叹，但是，这种感受和体验是完全相同的。而且，无论是对科学家还是对孩子来说，这都不仅仅只是一种感觉。事实上，在每个不同的层面，无论是米老鼠玩具、银河还是其他的什么，整个宇宙都是惊人得丰富、复杂且令人敬畏的。而我们能够欣赏这种丰富性的能力也是完全名副其实的。不仅所有做科学研究或关心科学的人如此，任何一个与年幼的孩子一同学习和生活的人亦然。

神秘感

灵性直觉的第二种不同类型被我们称为神秘感,即我们会感到在已知世界之外还存在着可能的世界。这是想象的会接,与我们身处的世界完全不同,是神秘的、非现实的世界。最早记载人类故事的神话传说,是有关遥不可及的各种反事实的离奇故事。灰色眼睛的雅典娜,火山女神贝利,会扔出闪电的雷神托尔,这些人物就像之前提及的假想同伴邓泽、查理·拉维奥利或恐龙高金一样不可能真实存在,而小说中幻想出来的那些克制而现实的人物则是相对更现代的产物了。

这些故事、神话、虚构和比喻往往与一种特别的灵性感受紧密相连,这是一种不同的直觉,认为世界远比我们所在的范围更加宽广。一些信仰宗教的作家,如爱尔兰著名作家、小说《纳尼亚传奇》的作者 C. S. 刘易斯(C. S. Lewis)和小说《魔戒》的作者 J. R. R. 托尔金(J. R. R. Tolkien)则会将宗教与神秘感联系在一起。他们揭示了我们给孩子讲的童话故事和孩子给我们讲的故事中的奇妙和丰富性。当然,刘易斯和托尔金写的故事都抓住了这种充满可能性的感觉:似乎每个衣橱里都潜藏着一个可能完全不同的世界。这些故事的目标人群是孩子,但成人同样也深受吸引。孩子的假装游戏就是一种特别宽泛的、极具创造力的方式,借此,年幼的孩子能够探究人类各种可能性的神秘之处。他们会从对世俗的关心中解放出来,特别放松地进入一个充满可能性的世界。

这种对可能性的感觉并不是错觉。人类世界确实充满了神秘的可能性,并以具体而现实的方式表现了出来。例如,我可以在电脑上观看具有神秘色彩的电影《美女与野兽》,同时还能用电脑与远在他方的儿子视频通话。就像美女透过魔法镜能看到自己所爱的家人一样，我也可以透过电脑屏幕这块真正的魔法镜看到真实的图像，而这曾经只存在于爱幻想的希腊人的脑海之中。

故事不仅可以为人类创造新的世界，也可以创造新的生活方式。无论是寓言还是禅理，也无论是瓦尔哈拉殿堂的故事抑或海乌姆的传说，皆是如此。通过设想不同的心理状态、思考方式和行为方式，人类能够改变自己并改变社群。这种对神秘的可能性的感觉不仅鲜活地存在于孩子身上，也深深地烙印在我们生活中真实而重要的事情之中。而且，人类想象可能性的空间远比任何一种思想所能捕捉到的范围更加广阔。

爱

孩子能够向我们揭示被称为"爱"的灵性直觉，这是其他任何事物都无法做到的。我们对自己孩子的爱和孩子对我们的爱都具有特殊的性质。此前我已经提到，我们对孩子的特殊感情可能会令我们的感觉看起来不太可信。但是，这种对孩子的爱，不仅仅是母爱，还包括社会性一夫一妻制中的父爱，以及合作养育中的保姆、兄弟姐妹、祖父母、近邻等人的爱，这种爱既具有个体性，也具有普遍性。这种爱，也是那种支撑着宗教和道德直觉的大爱所效仿的范例。

生命中最常见但同样惊人的事实之一就是，我们可以选择朋友和配偶，却无法选择自己的孩子。在生下孩子时，甚至在作为合作养育者开始照顾别人的孩子时，我们都不知道这个孩子会是什么样的。我也许会希望孩子综合了我和配偶的优点，同时也会担心孩子可能综合了我们俩的缺点。但是，人类的交配结合可谓是遗传基因的博弈，而且抚养孩子的过程中充满了偶然性，所以，最有可能出现的结果还是父母双方的基因随机混乱地搭配在一起，创造出世界上独一无二的孩子。在孩子身上，哪怕是最基本的特征，也不受我们的控制，这种情况在父母是残障人士的孩子身上最为明显。

然而，尽管会有一些悲剧性的例外，但照顾者们仍会爱自己照顾的孩子。有时候他们会更爱那些最需要照顾的孩子，例如患有唐氏综合征、脑瘫、囊肿性纤维化等疾病的孩子。而且更奇特的是，我们在照顾一个孩子时，就会很单纯地爱这个孩子，而不是爱广义上的、宏观的儿童。我们爱自己的孩子，仅仅因为他们有一些我们无法预期的独特个性，以我自己为例，我爱大儿子的热情、天赋高、信心十足，也爱二儿子的棕色卷发、聪慧、才智过人，更爱小儿子明亮的笑容、温暖的蓝眼睛、敏感的心。事实上，这样的列举完全不足以捕捉到实质：我只是爱他们而已，甚至不因为他们是我的孩子，而仅仅因为他们就是他们自己，他们就是阿列克谢、尼古拉斯和安德烈斯。

甚至更矛盾但也更具深刻意义的是，我们对自己孩子的爱反过来与孩子给我们带来的裨益相联系。就连对待朋友甚至爱人，我们都会期望获得一种确定的互惠关系，当你莫名其妙发神经时我会照顾你，相应地，当我抓狂时你也得容忍我。最需要我们的亲昵和关心的人也会回报我们，而每个孩子都比最令人无法容忍的、要求最为苛刻的朋友或爱人更需要我们的关怀。

想象有这样一部小说，书中的女人收容了一名无法独自行走、说话和进食的陌生人。她对这个男人一见钟情，喂他吃饭，帮他洗澡、穿衣，并渐渐帮助他变得更有能力、更独立。女人将自己收入的一大半都花在了这个男人身上，在他生病时寸步不离地照顾他，把他看得比任何事物都重要。20年后，在女人的帮助下，男人娶到了一名年轻的妻子，搬到了很远的地方。你也许根本无法忍受这个故事的滥情，但是很简单，这就是每个母亲的故事，同样也是每个人类社群的故事。这是每一对父母、每一对社会性一夫一妻制的配偶的故事，也是每一个哥哥姐姐、保姆或合作养育者的故事。可以说，我们并不是因为爱孩子所以才照顾他们，而是因为照顾孩子所以才更爱他们。

大多数哲学传统都没能抓住这种由抚养孩子而产生的道德直觉。经典的哲学道德观点，利他主义或康德主义，自由主义或社会主义大多扎根于对善与恶、自愿与互惠、个体性与普遍性的直觉认识中。每个人都有权追求幸福并且不受伤害，而通过互惠合作，我们就能使每个人得到最大限度的利益，这是社会契约的基本观点。但是，个人主义者、普遍主义者以及由契约组成的道德体系似乎未能捕捉到我们养育孩子时的直觉感受。

而从另一个角度来看，养育孩子过程中的这种特殊化和无私奉献的结合，近似于构成灵性直觉一部分的爱与关怀。在圣贤的故事中，我们都能看到这种特质。他们应当能感受到单一、明显的特定情感与对所有人无私关怀的结合。现实生活中，没有人能够做到这一点。当然，已经有很多途径能让人接近这种关心他人的理想状态，但这些途径并未涉及孩子。尽管如此，关心孩子仍然是一种极其有效而快捷的方式，让我们至少能够获得一点点圣徒般的体验。

结论

至此，我们可以复归本书开篇即提出的几个问题。人类如何可能做出改变？它又向我们揭示了孩子与童年，尤其是极小的幼儿与童年早期的哪些东西？答案中交织着三种观点：学习、反事实思维和照顾，或者用更有诗意的表述：真理、想象和爱。在科学和哲学领域，人们通常会将人类经验的这三个方面视作互相之间毫无关联的独立领域，认识论、美学和伦理学分别有完全不同的发展传统。但是，对年幼的孩子来说，真理、想象和爱就是不可避免地交织在一起的。

首先，真理。随着对世界的了解日益增加，我们也会逐渐改变自己的行为。人类能学习的东西比其他任何一种动物都要多，因此，我们也能够比任何一种动物做出更多的改变。孩子生来就掌握了关于世界和他人的诸多信息，这种知识让他们在开始认识自己所生存的特定世界和与自己共同生活的特定人群之初，就具有了一种优势。但是到最后，他们甚至可能会学着推翻最初建立的种种假设。

其次，孩子热爱学习。他们仅凭观察周围事件展开的统计频率就能够进行学习。婴儿会开放地接纳广阔世界的所有丰富内容。他们会注意任何一件新颖、意外的事物和任何他们可能从中学习的东西，但他们也会主动地采取行动来学习。在玩耍时，孩子会主动地对周围世界进行实验，并依据实验结果来改变自己的想法。借助于自己所观察到的事件频率和开展的实验，孩子将建构有关周围世界的因果关系图。

孩子所认识和学习的不仅是物理世界的知识，还有心理世界的知识。他们会逐渐认识到身边的人是什么样的。由于人类文化的不断改变，就意味着孩子对周围人的认识也会发生变化。孩子同样能够理解周围人的心理，人们的信念、愿望、感受、人格特征、动机和兴趣的独特结合。但同时，孩子也会学习了解人类心理中合乎道德规范的诸多方面。他们飞快地学习周围人所遵循的规则，无论是任意的习俗惯例还是道德原则。

而且，孩子不仅能够了解周围的人，他们同样能够认识自己。实际上，从出生那一刻起，孩子就会将自己的感受与他人的感受联系起来。他们会运用对他人的理解来认识自己，反之亦然。孩子开始认识到，理解自己的心理有助于改变自己的行为。例如，在延迟满足实验中，有些孩子懂得闭上眼睛就能帮助自己抵抗饼干的诱惑。他们同样也开始运用所掌握的心理知识来统一经验，并前后一致地叙述自己的经验，这种叙述会贯穿人生中所有的迂回曲折。

与之相应，孩子能够发现真理，这种非凡的能力有赖于想象与爱的能力。贝叶斯学习理论的基本思想在于，孩子能够设想现存世界情境的其他状况。关于世界的状态，孩子能够建构起可供选择的另一种假想，他们能够比较周围世界各种可能的因果关系图。这类学习的基本原则就是，哪怕最不可能的可能性，最终也有可能会成真。

最后，周围的人们会照顾孩子。依凭着这种照顾，孩子就得以将全部的注意和行动都投入学习之中。因为有我们的爱，所以孩子可以毫无顾虑地学习。甚至更重要的，孩子学习的一种核心方式就是观察自己所爱的人如何行动，并且听从他们所说的话。这类学习让孩子能够从祖辈们的发现中受益匪浅。照顾者们在照顾孩子的过程中，也隐性地、无意识地教育着他们。

如果想象能让孩子得以发现真实，那么发现真实同样也会促进他们想象力的发展。非常幼小的孩子就能够运用周围世界的因果关系图来想象世界可能存在的不同方式。他们能够思考反事实的可能性。随着这些理论不断演进，以及自身的不断学习，孩子对世界的认识会变得越来越精准，他们能创造的反事实和所能想象的可能性也会愈发丰富。这些反事实令孩子能够创造不同的世界，并且支撑了童年早期蓬勃发展的假装游戏。最终，即便是成人，借助反事实也能够想象世界可能的其他状况，并且实现这些设想。

因果关系图可适用于物理世界，也可适用于心理世界。这意味着，孩子能够想象反事实的人，例如假想同伴，以及非现实的世界。这让孩子能够以一种全新的、更复杂的方式来与他人互动。同时，也令孩子和我们自己得以创造出能够带来更好结果的新的社会习俗和道德规则。

可见，**想象依赖于知识，也依赖于爱和关心**。正如孩子因为有成人保护所以才能自由地学习，他们也因为有成人的爱所以才能自由地想象。此外，反事实思维必然也包含着合乎规范的元素，设想未来同样意味着衡量你应该实现什么样的未来。从尚且年幼时起，孩子就会将此类判断和决定深深地烙印在自己的道德反应之中。他们试图做好事，避免做坏事。而这些反应自身就深植于婴儿与照顾者间那种深刻的、共情的、亲昵的、明显无私的互动之中。

同时，**爱也依赖于知识和想象**。婴儿是完全无助的，他们必须依赖成人，因此对他们而言，任何一种理论都不如爱的理论重要。通过观察周围的照顾者对待自己的言行举止，孩子从很小的时候开始就已经明白了关于爱的理论。与之相应，当孩子长大之后，这些理论又会塑造他们照顾自己孩子的行为方式。

正如其他类型的知识一样，与爱有关的知识也让孩子能够设想照顾者们将会采取什么样的行动，而自己又该有什么样的反应。一方面，这类预测和行动直接导向了具有典型人性特征的恶性循环或良性循环。但另一方面，想象则让孩子和其他成人有办法摆脱这类循环，甚至只凭借一点点证据，孩子也能设想爱如何能够以其他更好的方式发挥作用。

"但是，永生问题怎么解释呢？" 10岁的艾莉森·高普尼克会这样问。我猜，就像伍迪·艾伦一样，她也会说，希望通过不死来实现永生，而不想让自己的生命在孩子身上延续。但如果做不到不死，那么借助孩子也可以。在论述孩子的重要性时，最糟糕的情况莫过于你说的所有东西最后都变得像贺卡一样毫无新意。然而，陈词滥调之所以能够成为陈词滥调，正是因为它们所说的都是真理，那么，"孩子是我们的未来"这种陈词滥调也就是简洁而确实的真理了。

对于人类孩子来说，这种老掉牙的说法具有尤为深刻的意义。孩子不仅仅是我们的未来，因为他们承载着我们的遗传基因。人类的自我认知，无论是个人化的还是集体化的，都与我们的来处和去向紧密相连，也与我们的过去和未来密切相关。人类有能力做出改变，也就是说，仅仅凭借观察我们目前的状态，还不能解释做"人"意味着什么。相反，我们需要向前看，去观察充满无数分支的人类可能性的空间。而其中，我们所能看到的走得最远、已经触及边缘的探究者们，就像幼小的孩子一样。

致谢

本书的写作耗费了5年的时光,每年,我都会得到许多人的帮助,才能稳步推进写作。加州大学伯克利分校是我多年来的家,尤其是心理学系、人类发展研究所及大脑与认知科学研究中心的所有同事和学生们都对我产生了深刻的影响。我的同事Steve Palmer、Lucia Jacobs、Tom Griffiths、Tania Lombrozo、Mary Main对本书贡献良多。无论是过去还是现在,我的研究生和博士后学生们都对本书的写作和我所有的工作做出了极大的贡献,他们是:Frederick Eberhardt、Tamar Kushnir、Chris Lucas、David Sobel、Elizabeth Seiver,尤其是Laura Schulz。

本书的写作得到了斯坦福大学行为科学高级研究中心的奖学金资助。在研究中心度过的一年中,我获得了人生中超乎自己想象的宝贵经验,在此,我深深地感谢这所出色的研究中心里的工作人员以及我在那里的同事们,尤其是:Thomas Richardson、Bas van Fraassen、

Webb Keane。此外，能够完成本书的写作，也要感谢摩尔杰出访问学者奖学金的资助，这是由另一个同样出色的研究机构——加州理工学院提供的。我同样很感激在加州理工学院遇到的所有朋友和同事，他们阅读了本书的初稿并提出了宝贵建议，感谢 Jim Woodward、Chris Hitchcock、Jiji Zhang、Dominic Murphy、Zoltan Nadasdy、Fiona Cowie。此外，Christof Koch 特别帮助我了解了许多有关意识的神经科学知识。

多年来，美国国家科学基金会资助了我的研究。而本书受到了詹姆斯·麦克唐奈基金会及基金会主席约翰·布鲁尔（John Bruer）的特别赞助，在他们极大的支持下，我们才能够与其他发展心理学家、哲学家和计算机科学家一起共同创立独特的因果学习研究协会。成为这个协作组织的一分子是我工作生涯中最令人兴奋、最有益的经历，协会的成员们都对本书的写作做出了重要贡献。这里，我必须特别感谢其中4位同事，他们都是我的良师益友。30年前，在牛津大学，安德鲁·梅尔佐夫教授令我第一次接触了皮亚杰的理论，自那以后，他一直作为我的合作者、合著者、共同思考者，给予了我莫大的帮助。近20年来，亨利·威尔曼曾与我交流了许多关于孩子的、哲学的、道德的、宗教的及其他种种观点，本书初成稿时，他阅读了大部分内容，并基于自己深刻的思考和洞察力，对本书提出了许多真知灼见。约翰·坎贝尔是斯坦福大学行为科学高级研究中心因果学习研究小组的成员，多年来，他都是我在哲学方面的良师，很庆幸能够与他一同研究数学和哲学中的因果推理。最后也是最重要的，我所认识的最聪明的人克拉克·格利穆尔，他是本书核心思想的来源，和他一起讨论形成"婴儿贝叶斯网络"，是我人生的一大乐事。

此外，还有很多同事和朋友也阅读了本书初稿的重要部分，并提出了宝贵建议。迈克尔·默策尼希和约翰·科伦坡（John Colombo）在与意识相关的章节中提供了无价的帮助。保罗·哈里斯对与想象有关的章节贡献良多。简·赫什菲尔德（Jane Hirshfield）阅读了本书的一些草稿，并贡献了她过去禅修时积累的关于佛教的知识、贤明的神圣感以及在语言表达方面诗人般的敏感。此外，法勒-斯特劳斯＆吉鲁出版社的埃里克·钦斯基（Eric Chinski）对我的帮助良多，从一开始，他便对本书信心十足，不懈地支持着我，直到本书交稿。凯廷卡·马特森（Katinka Matson）是我的经纪人，在我历经本书写作时的坎坷与障碍时，她始终支持着我，如果没有她，这本书不可能面世。

本书的一个核心观点是：**对于所有人类而言，孩子和家庭是人生意义、真理和爱的最大来源**。如果真要究其根本而言，可以说，我是在以自己的切身经历来以偏概全了，但毫无疑问，我的家庭是我生命中最重要的部分。我的父母，默纳和欧文，我的兄弟姐妹们，亚当、摩根、希拉里、布莱克、梅丽莎，他们都是我能够成为自己以及我所能够做的一切的基础。亚当和布莱克在本书的写作中发挥了极其重要的作用。亚当阅读了初稿，对标题提出了建议，并且为我提供了极其宝贵的文学性建议。而在我生命的困难时期，布莱克不断地宽慰我，与我倾谈，本书就是我带着满满的爱意和感激对他的致礼。最后，我的孩子们——阿列克谢、尼古拉斯、安德烈斯，他们就是我生命的全部意义，我对他们以及他们亲爱的父亲——乔治·莱温斯基（George Lewinski）充满了深深的感激。

很幸运，我能够在风景如画的地方写作本书，包括斯坦福大学的校园、加州大学伯克利分校和加州理工学院。但最快乐的写作经历还是发生在最美丽的地方：埃尔维·史密斯（Alvy Smith）在普吉特海湾那宁静、安详的沙滩小屋。那里简直凝聚了他为我的人生带来的所有智慧与艺术、快乐与平静、爱与友谊，更不用提他高超的排版技术了。本书的参考书目可谓是我无尽感谢的代表了，还有许许多多帮助了我、支持着我的人，在此献上我无法言尽的感激。

注释及参考文献

考虑到环保的因素,也为了节省纸张、降低图书定价,本书编辑制作了电子版的注释。

扫码查看本书全部注释内容

译者后记

你曾看到过熟睡的小婴儿吗？他们为何嘴角微扬、眉头微拧？又为何用小小的拳头拢住耳朵、盖住眼睛？在深深的梦里，他们看到了什么？感受到了什么？饱含爱意的父母们总会对这些问题感到好奇。然而，已经远远脱离婴儿阶段的我们，是无法理解沉睡或清醒的孩子们究竟有何感受的。铺陈在他们面前的世界是混沌一片、模糊一团，还是散发着迷人的奇特味道，诱起他们的探究欲？这些问题在教育与心理学领域中历经数代变迁，从洛克的"白板说"一直到皮亚杰的认知发展理论，我们理所当然地认为，孩子是无知无能的，成人应当将积累的经验教授给他们，灌输给他们，我们很少发自内心地相信，孩子看到的比我们所看到的更加丰富、完整。

本书作者却为人所不能为，敏锐地抓住了孩子在哲学之问中长期缺席的事实，运用大量丰富、直观、生动的研究资料，创造性地证实了，童年，尤其是童年早期，也即人生经历的毛毛虫时期，孩子们是如何思考、感知和体验这个世界的，具有极其宝贵的价值。看似无助无能的孩子，却体现出了对真、善、美的本质理解，以及具有宏大道德关怀的心理理解能力，这是令许多成人都不得不感到惭愧的。孩子们在漫长的未成熟期里，以令人惊讶的速度和数量吸收着周围世界的信息，创造着自己的理解，他们通过假想来理解因果关系、认识客观事物及主观心理运作的原理……在本书所揭示的这些颠覆性的观点中，我们能够渐渐看到一个更加丰满、独立的孩子形象，相应地，作为成人、父母或未来的父母，我们都应当转变自己根深蒂固的陈旧看法，真正地尊重孩子，包括他们学习的步调、节奏与风格，为他们提供适宜的反馈和刺激，这才是对他们的爱。

翻译本书也是一次难得的学习机会，在信息庞杂、阅读日趋零碎化的今天，能够坐下来，真正静心地萃取一本书的精华，这样的机会并不多。因此，我努力抓住翻译的契机，试图将本书的原貌呈现出来，希望让更多的人能够从中获益。受学识与经验所限，译文难达完美，如有疏漏、晦涩之处，敬请赐教。感谢！

未来，属于终身学习者

我们正在亲历前所未有的变革——互联网改变了信息传递的方式，指数级技术快速发展并颠覆商业世界，人工智能正在侵占越来越多的人类领地。

面对这些变化，我们需要问自己：未来需要什么样的人才？

答案是，成为终身学习者。终身学习意味着具备全面的知识结构、强大的逻辑思考能力和敏锐的感知力。这是一套能够在不断变化中随时重建、更新认知体系的能力。阅读，无疑是帮助我们整合这些能力的最佳途径。

在充满不确定性的时代，答案并不总是简单地出现在书本之中。"读万卷书"不仅要亲自阅读、广泛阅读，也需要我们深入探索好书的内部世界，让知识不再局限于书本之中。

湛庐阅读 App: 与最聪明的人共同进化

我们现在推出全新的湛庐阅读 App，它将成为您在书本之外，践行终身学习的场所。

- 不用考虑"读什么"。这里汇集了湛庐所有纸质书、电子书、有声书和各种阅读服务。
- 可以学习"怎么读"。我们提供包括课程、精读班和讲书在内的全方位阅读解决方案。
- 谁来领读？您能最先了解到作者、译者、专家等大咖的前沿洞见，他们是高质量思想的源泉。
- 与谁共读？您将加入到优秀的读者和终身学习者的行列，他们对阅读和学习具有持久的热情和源源不断的动力。

在湛庐阅读 App 首页，编辑为您精选了经典书目和优质音视频内容，每天早、中、晚更新，满足您不间断的阅读需求。

【特别专题】【主题书单】【人物特写】等原创专栏，提供专业、深度的解读和选书参考，回应社会议题，是您了解湛庐近千位重要作者思想的独家渠道。

在每本图书的详情页，您将通过深度导读栏目【专家视点】【深度访谈】和【书评】读懂、读透一本好书。

通过这个不设限的学习平台，您在任何时间、任何地点都能获得有价值的思想，并通过阅读实现终身学习。我们邀您共建一个与最聪明的人共同进化的社区，使其成为先进思想交汇的聚集地，这正是我们的使命和价值所在。

CHEERS

湛庐阅读 App
使用指南

读什么
- 纸质书
- 电子书
- 有声书

怎么读
- 课程
- 精读班
- 讲书
- 测一测
- 参考文献
- 图片资料

与谁共读
- 主题书单
- 特别专题
- 人物特写
- 日更专栏
- 编辑推荐

谁来领读
- 专家视点
- 深度访谈
- 书评
- 精彩视频

HERE COMES EVERYBODY

下载湛庐阅读 App
一站获取阅读服务

版权所有，侵权必究
本书法律顾问　北京市盈科律师事务所　崔爽律师

著作权合同登记号　图字：11-2023-152
The Philosophical Baby by Alison Gopnik
Copyright © 2009 by Alison Gopnik
All rights reserved.

本书中文简体字版经授权在中华人民共和国境内独家出版发行。未经出版者书面许可，不得以任何方式抄袭、复制或节录本书中的任何部分。

图书在版编目（CIP）数据

孩子如何思考 /（美）艾莉森·高普尼克著；杨彦捷译. — 杭州：浙江科学技术出版社，2023.5
ISBN 978-7-5739-0604-5

Ⅰ.①孩… Ⅱ.①艾… ②杨… Ⅲ.①儿童心理学 Ⅳ.① B844.1

中国国家版本馆 CIP 数据核字（2023）第 064782 号

书　名	孩子如何思考
著　者	[美]艾莉森·高普尼克
译　者	杨彦捷

出版发行　浙江科学技术出版社
地　址　杭州市体育场路 347 号　　邮政编码：310006
办公室电话：0571-85176593
销售部电话：0571-85062597
网　址：www.zkpress.com
E-mail:zkpress@zkpress.com

印　刷　石家庄继文印刷有限公司

开　本	710mm×965mm　1/16	印　张	17
字　数	212 000		
版　次	2023 年 5 月第 1 版	印　次	2023 年 5 月第 1 次印刷
书　号	ISBN 978-7-5739-0604-5	定　价	99.90 元

责任编辑　余春亚　　　　　责任美编　金　晖
责任校对　赵　艳　　　　　责任印务　田　文